T0002987

essentials

essentials liefern aktuelles Wissen in konzentrierter Form. Die Essenz dessen, worauf es als „State-of-the-Art" in der gegenwärtigen Fachdiskussion oder in der Praxis ankommt. *essentials* informieren schnell, unkompliziert und verständlich

- als Einführung in ein aktuelles Thema aus Ihrem Fachgebiet
- als Einstieg in ein für Sie noch unbekanntes Themenfeld
- als Einblick, um zum Thema mitreden zu können

Die Bücher in elektronischer und gedruckter Form bringen das Expertenwissen von Springer-Fachautoren kompakt zur Darstellung. Sie sind besonders für die Nutzung als eBook auf Tablet-PCs, eBook-Readern und Smartphones geeignet. *essentials:* Wissensbausteine aus den Wirtschafts-, Sozial- und Geisteswissenschaften, aus Technik und Naturwissenschaften sowie aus Medizin, Psychologie und Gesundheitsberufen. Von renommierten Autoren aller Springer-Verlagsmarken.

Weitere Bände in der Reihe http://www.springer.com/series/13088

Hendrik Hunold

Der Architektenvertrag

Schnelleinstieg für Architekten und Bauingenieure

Hendrik Hunold
München, Deutschland

ISSN 2197-6708 ISSN 2197-6716 (electronic)
essentials
ISBN 978-3-658-19148-1 ISBN 978-3-658-19149-8 (eBook)
DOI 10.1007/978-3-658-19149-8

Die Deutsche Nationalbibliothek verzeichnet diese Publikation in der Deutschen Nationalbibliografie; detaillierte bibliografische Daten sind im Internet über http://dnb.d-nb.de abrufbar.

Springer Vieweg

Gedruckt auf säurefreiem und chlorfrei gebleichtem Papier

Springer Vieweg ist Teil von Springer Nature
Die eingetragene Gesellschaft ist Springer Fachmedien Wiesbaden GmbH
Die Anschrift der Gesellschaft ist: Abraham-Lincoln-Str. 46, 65189 Wiesbaden, Germany

Was Sie in diesem *essential* finden können

- Eine Einführung in die wesentlichen Grundlagen des Architektenrechts
- Gestaltungshinweise und Beispiele für die Abfassung von typischen Klauseln in Architektenverträgen
- Praxistipps zum Umgang mit im Architektenalltag auftretenden rechtlichen Fragestellungen
- Kurze und prägnante Fallbeispiele
- Aktuelle und höchstrichterliche Rechtsprechung zum Thema Architektenrecht
- Berücksichtigung der „BGB-Baurechtsreform“

Für meine Eltern und meine Töchter

Inhaltsverzeichnis

1 Einleitung

Dieses *essential* beschäftigt sich mit den in einem Architektenvertrag regelmäßig anzutreffenden Regelungen. Den Ausführungen zu den (einzelnen) Regelungen in einem Architektenvertrag in Kap. 4 werden allgemeine, grundsätzlich auf alle Vertragstypen passende Hinweise (z. B. braucht man einen Anwalt, Grenzen der Vertragsgestaltung) vorangestellt.

1.1 Umgang mit diesem *essential*

Das Kap. 4 zu den Vertragsinhalten orientiert sich an dem typischen Aufbau des Architektenvertrages, beginnend mit seiner Überschrift, gefolgt von den Vertragsparteien etc., endend mit den Schlussbestimmungen und der Unterschrift.

Für das Verständnis wichtige Dinge sind mit einem „•" gekennzeichnet. Dinge, die bei der Gestaltung von einzelnen Vertragsklauseln zu beachten sind, sind mit einem „–" markiert und Formulierungsvorschläge *kursiv* dargestellt.

Leider ersetzt das Studium dieses *essentials* nicht die Einschaltung eines Anwalts für die Vertragsgestaltung oder die Überprüfung von Formulierungsvorschlägen, die sie in diesem Buch finden, Dies ist dem Umstand geschuldet, dass die Rechtsprechung und Gesetzgebung – welche die Grundlage vielfacher Formulierungsvorschläge darstellen – einem stetigen und schnellen Wandel ausgesetzt sind. Dieses Buch kann Ihnen daher nur einen grundsätzlichen Leitfaden an die Hand geben, einen dauerhaft rechtssicheren Architektenvertrag liefern kann es nicht.

Sie finden in diesem *essential* außerdem keine detaillierten Ausführungen zur Honorarordnung für Architekten und Ingenieure (HOAI), Auf die HOAI wird nur insoweit eingegangen, als es für das Verständnis der Struktur und des rechtlichen

H. Hunold, *Der Architektenvertrag*, essentials,
DOI 10.1007/978-3-658-19149-8_1

Systems des Architektenvertrages notwendig ist. Allerdings bildet dies bereits zentrale Dinge der HOAI und der Honorarberechnung ab, die jeder Architekt wissen muss; wenig ist das nicht. Für alles, was Sie darüber hinaus wissen möchten, werfen Sie einen Blick in die im Literaturverzeichnis genannten Bücher.

1.2 Der Begriff des „Architektenvertrages"

Das Bürgerliche Gesetzbuch (BGB) kannte bisher den Begriff des Architektenvertrages nicht und sah auch keine besonderen Regelungen für ihn vor. „Bisher", da der Bundestag am 09.03.2017 beschlossen hat, dass das „Gesetz zur Reform des Bauvertragsrechts und zur Änderung der kaufrechtlichen Mängelhaftung" mit Wirkung zum 01.01.2018 in Kraft treten soll. Das BGB wird ab dann einen eigenen Untertitel für den Architektenvertrag, und zwar in den neuen §§ 650o bis 650s BGB, aufnehmen.[1] Am Inhalt und an der Verwendbarkeit dieses Buches wird sich hierdurch nicht viel ändern: zum einen wird an Stellen, an denen es auf die neuen Regelungen ankommt, auf diese ausführlich eingegangen. Zum anderen, weil große Teile des Buches von den Neuregelungen unberührt bleiben.

Auch die HOAI enthält grundsätzlich keine Regelungen zum Architektenvertrag, also vom Architekt vertragsrechtlich zu beachtende Vorgaben. Sie enthält nur Regelungen zum Honorar; mehr nicht. Hintergrund ist, dass die gesetzliche Ermächtigung, die zum Erlass der HOAI berechtigt, sich nur darauf beschränkt. Vereinzelt enthält die HOAI indes Regelungen, welche die Inhalte des Architektenvertrages betreffen (z. B. § 3 Abs. 4, § 15 Abs. 1). Vertragsrechtliche Regelungen kann die HOAI nicht rechtskräftig treffen. Ihr Erlass ist nicht durch die gesetzliche Ermächtigung gedeckt[2] und kann, eine Verordnung als eine gegenüber dem BGB in der Hierarchie niedere Norm grundsätzlich nicht vorschreiben, wie der Architektenvertrag zu regeln ist („Ober sticht Unter").

---

[1]Bundestags-Drucksache 18/8486 vom 18.05.2016.

[2]BGH, Urteil 24.04.2014, VII ZR 164/13, ausdrücklich zum Baukostenvereinbarungsmodell des § 6 Abs. 2 HOAI 2009.

2 Vorteilhafte Verträge und Konfliktvermeidung

Machen Sie sich klar, dass auch der beste Architektenvertrag eine spätere gerichtliche Auseinandersetzung nicht ausschließen kann. (Wenn Sie nun auf den Gedanken kommen, man benötige daher für die Gestaltung und Verhandlung eines Architektenvertrages keinen Anwalt, liegen Sie falsch). Je früher der Anwalt eingeschaltet wird, desto eher kann er mögliche Konfliktherde von vornherein ausschalten.

Ja, Anwälte sind mitunter teuer. Dass sollte Sie jedoch nicht von der betriebswirtschaftlichen Frage abhalten, ob die Investition in einen Anwalt nicht genauso wichtig sein kann, wie die Investition z. B. in einen neuen Rechner oder Plotter. Denn die praktische und vor allem gerichtliche Erfahrung zeigt, dass die frühzeitige Einholung von Rechtsrat in der Regel Fehler in einem so großen Umfang vermeidet, dass der Anwalt sein Geld wert ist.

In der Praxis sind vielfach Widersprüche, Lücken oder Unklarheiten des Vertrages zwischen Auftraggeber und Architekt Auslöser von langen und teuren Streitigkeiten.

H. Hunold, *Der Architektenvertrag*, essentials,
DOI 10.1007/978-3-658-19149-8_2

3 Grenzen der Vertragsgestaltung

Im deutschen Recht und damit auch für den Architektenvertrag gilt der Grundsatz der Privatautonomie. Danach können der Architekt und sein Auftraggeber den Inhalt ihres (Architekten-) Vertrages grundsätzlich frei und ohne inhaltliche Vorgaben gestalten.

Grenzen sind allein die geltenden Gesetze. Werden diese überschritten, führt dies entweder zur Unwirksamkeit der betroffenen Regelungen oder des gesamten Vertrages.

Die folgenden Ausführungen zeigen die Grundzüge sowie die in der Praxis regelmäßig anzutreffenden Fälle auf.

3.1 Unwirksamkeit einzelner Regelungen

Die Unwirksamkeit einzelner Regelungen kann sich dadurch ergeben, dass sie als sog. Allgemeine Geschäftsbedingungen einzustufen sind. Ist dies der Fall, unterliegen sie einer inhaltlichen Kontrolle auf ihr Wirksamkeit hin nach den §§ 305 ff. BGB.

3.1.1 Wann liegen Allgemeine Geschäftsbedingungen vor?

Allgemeine Geschäftsbedingungen liegen nur vor, wenn es sich um Regelungen handelt, die für eine Vielzahl von Verträgen vorformuliert sind. Die Rechtsprechung

H. Hunold, *Der Architektenvertrag*, essentials,
DOI 10.1007/978-3-658-19149-8_3

nimmt dies an, sofern sie für eine mindestens 3-fache Verwendung gedacht sind.[1] Es reicht bereits aus, wenn ihre dreimalige Verwendung auch nur beabsichtigt ist (z. B. sie liegen in der Schreibtischschublade griffbereit oder werden als Word-Dokument vorgehalten).[2]

Wie man die Regelung formuliert und welche Form sie hat, ist unbeachtlich. Es spielt daher keine Rolle, ob die Regelung einen äußerlich gesonderten Bestandteil des Vertrages darstellt oder im Vertragstext selbst enthalten ist, welchen Umfang sie hat, in welcher Schriftart sie verfasst ist und welche Form sie hat. Allgemeine Geschäftsbedingungen können selbst dann vorliegen, wenn sie optisch den Eindruck einer individuellen Gestaltung erwecken!

Beispiel

Der Architekt führt mit dem AG Vertragsverhandlungen. Das Ergebnis wird in einem handschriftlichen Verhandlungsprotokoll festgehalten. Dieses enthält für den Architekten belastende Regelungen, welche der AG regelmäßig verwendet.

Als der Architekt sich darauf beruft, die Regelungen seien unwirksam, weißt der AG ihn darauf hin, es lägen keine AGBs vor. Die Regelungen seien persönlich verhandelt und am Tisch gemeinsam inhaltlich entwickelt worden.

Die Auffassung des AG ist falsch!

Eine besondere Konstellation liegt vor, wenn der Architekt von einem privaten AG einen Vertragsentwurf vorgelegt bekommt (z. B. zur Planung eines Einfamilienhauses). Auch in solchen Fällen können Allgemeine Geschäftsbedingungen vorliegen. Dies kommt vor allem infrage, wenn der private AG sich z. B. eines von einem Rechtsanwalt vorformulierten Vertrages oder eines Vertragsformulars aus dem Internet bedient.[3] Daran ändert sich grundsätzlich auch nichts dadurch, dass der private AG den Vertragsentwurf nur einmal verwenden möchte.[4] Denn das Gesetz geht davon aus, dass der Verwender – hier der private AG – nicht mit demjenigen identisch sein muss, der die Regelungen entworfen hat.

[1]BGH, Urteil vom 12.11.2003, VII ZR 31/03.

[2]BGH, Urteil vom 27.09.2001, VII ZR 388/00.

[3]z. B. BGH, Urteil vom 24.11.2005, VII ZR 87/04 für den Fall von öffentlich zugänglichen Formularen.

[4]BGH, Beschluss vom 23.06.2005, VII ZR 277/04.

3.1.2 Unwirksamkeit nur zulasten des Verwenders

Eine Unwirksamkeit kommt allerdings nur zulasten desjenigen infrage, der die AGB verwendet hat (sog. Verwender). Bringt daher der Architekt für sich selbst nachteilige Regelungen ein, helfen ihm die §§ 305 ff. BGB nicht. Er kann nicht geltend machen, die Regelung sei wegen Verstoß gegen die §§ 305 ff. BGB unwirksam.

Maßgeblich ist daher grundsätzlich auf welcher Seite der Architekt steht:

- Tritt er als Auftraggeber auf (z. B. Generalplaner) und gibt dem von ihm beauftragten Statiker vertragliche Regelungen vor, kann der Statiker eine Unwirksamkeit nach §§ 305 ff. BGB geltend machen.
- Wird der Architekt dagegen von einem Unternehmen auf Grundlage dessen Einkaufsbedingungen mit der Planung einer Industriehalle betraut, kann er eine Unwirksamkeit ins Feld führen.

Es ist jedoch immer eine Einzelfallbetrachtung notwendig. So kann es sein, dass einzelne Klauseln entgegen diesem Grundsatz im Rahmen der Vertragsverhandlungen gerade von der anderen Seite in den Vertrag eingebracht werden:

Beispiel

Der Generalplaner formuliert – entgegen der gesetzlichen Vorgabe von 5 Jahren – eine 2-jährige Gewährleistungsfrist in den Vertrag mit seinem Statiker. Diese Regelung ist für den Statiker günstig. Der Generalplaner kann sich nicht auf dessen Unwirksamkeit berufen. Anders hingegen, wenn der Vorschlag vom Statiker gekommen wäre.

3.1.3 Unwirksamkeitsgründe

Grundsätzlicher Maßstab für die Frage, wann eine AGB unwirksam ist, ist § 307 Abs. 1 Satz 1 BGB: Danach ist eine

> Bestimmungen in Allgemeinen Geschäftsbedingungen unwirksam, wenn sie den Vertragspartner des Verwenders entgegen den Geboten von Treu und Glauben unangemessen benachteiligt.

Darüber hinaus enthalten die Paragrafen § 308 und § 309 BGB eine abschließende – katalogartige – Aufzählung unwirksamer Regelungen.

An diesen strengen Paragrafen sind die AGBs immer zu messen, und zwar in einem Rechtsstreit von Amts wegen durch das Gericht.

Da jedes Jahr viele Vertragsklauseln durch die Gerichte für unwirksam erklärt werden ist es umso wichtiger, sich Rechtsrat einzuholen (vgl. hierzu auch Kap. 2). Eine detaillierte Darstellung der Unwirksamkeitsgründe würde den Rahmen dieses Essentials sprengen. Dazu kommt die rasante Entwicklung der Rechtsprechung Die jeweiligen Erläuterungen zu den einzelnen Klauseln des Architektenvertrages enthalten indes dahin gehende Hinweise, sofern sie praxisrelevant sind.

3.2 Unwirksamkeit des gesamten Vertrages

Verstößt der Architektenvertrag gegen ein gesetzliches Verbot, ist er im Zweifel von Anfang an unwirksam (§ 134 BGB). Gleiches gilt, wenn sein Abschluss gegen die guten Sitten verstößt (§ 138 BGB; z. B. Schmiergeldabrede).

3.2.1 Schwarzgeld-Abreden

Ein Verstoß gegen ein gesetzliches Verbot liegt vor allem bei sog. „Schwarzgeld-" oder „Ohne-Rechnung-Abreden" vor. Folge der Vertragsunwirksamkeit ist neben dem Verlust der Gewährleistungsansprüche des AG auch, dass der Architekt sein Honorar nicht mehr verlangen kann; dies gilt auch, sofern die Abrede nachträglich getroffen wird.[5]

Vor ihnen muss daher dringend gewarnt werden!

3.2.2 Koppelungsverbot

Einen für den Architektenvertrag besonderen Fall regelt das sog. „Koppelungsverbot" in § 3 des Ingenieur- und Architektenleistungengesetzes (IngALG).

Danach ist der gesamte Architektenvertrag unwirksam, sofern sich

> der Erwerber eines Grundstücks im Zusammenhang mit dem Erwerb verpflichtet, bei der Planung oder Ausführung eines Bauwerks auf dem Grundstück die Leistungen eines bestimmten Ingenieurs oder Architekten in Anspruch zu nehmen.

---

[5] BGH, Urteil vom 16.03.2017, VII ZR 197/16; OLG Stuttgart, Urteil vom 10.11.2015, 10 U 14/15.

Die Regelung verstößt vor allem nicht gegen das Grundgesetz: Ein mit ihr verbundener Eingriff in die Berufsfreiheit der Architekten (Art. 12 GG) ist gerechtfertigt. Sinn und Zweck der Regelung ist es, die freie Wahl des Architekten durch den Bauwilligen allein nach Leistungskriterien zu ermöglichen, das Berufsbild des Architekten zu schützen sowie den Wettbewerb unter den Architekten zu fördern.[6]

Das Koppelungsverbot ist daher auch weit auszulegen. Es erfasst sogar Vereinbarungen zwischen dem Architekten und dem Erwerber, die nur „im Zusammenhang mit dem Erwerb" stehen.[7]

Zwar kann ein Honoraranspruch bestehen, wenn die Planungsleistungen verwertet werden; zwingend ist dies jedoch nicht.[8] Nicht nur deshalb, sondern auch wegen der großzügigen Auslegung des Koppelungsverbots ist auch hier Vorsicht geboten.

3.3 Zusammenfassende Übersicht

Abb. 3.1 fasst die Gründe, die zu einer Unwirksamkeit des Architektenvertrages führen können, nochmals zusammen.

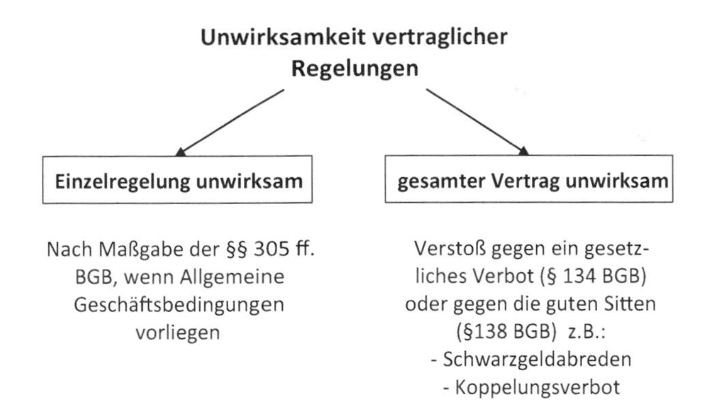

Abb. 3.1 Unwirksamkeit vertraglicher Regelungen

[6]BGH, Urteil vom 22.07.2010, VII ZR 144/09.

[7]LG Nürnberg-Fürth, Urteil vom 15.07.2015, 12 O 5884/14.

[8]BGH, Urteil vom 23.06.1994, VII ZR 167/93.

Der Architektenvertrag

4

Zur Veranschaulichung aller nachfolgenden Darstellungen der Regelungen in einem Architektenvertrag soll folgender **Ausgangsfall** dienen:

Ausgangsfall

Architekt A wird von Unternehmer U angefragt, ein Angebot über die Leistungsphasen 1 bis 9 für die Objektplanung für die Errichtung einer neuen Lagerhalle abzugeben.

Zuvor hatte A dem U hierüber ein paar Skizzen, Zeichnungen übergeben und die grundsätzliche Bebaubarkeit des Grundstücks anhand einer Vollmacht bei der Baubehörde abgeklärt.

Nachdem A dem U sein Angebot – was deutlich über den Mindestsätzen liegt und nur eine Honorarberechnung auf Grundlage der HOAI enthält – übergeben hat, bittet U darum, dass A „loslegen" soll, da die Zeit drängt. A fängt mit den Planungen an. Drei Monate danach will U endlich mit A einen „ordentlichen" Architektenvertrag abschließen.

4.1 Die Form

Die Frage der Form betrifft immer die Wahl des Mediums, welches man sich für den Abschluss des Vertrages bedient (z. B. mündlich, E-Mail, Papier, Fax, Notar). Wird eine vom Gesetz vorgegebene Form nicht eingehalten, ist der gesamte Vertrag unwirksam. Bei einem Verstoß gegen eine vereinbarte Form ist dies im Zweifel ebenfalls so. Angesichts dieser einschneidenden Wirkung – aber auch wegen der Regelung in § 7 Abs. 1 HOAI – lohnt sich ein Blick auf die für den Architektenvertrag typischen Fälle:

H. Hunold, *Der Architektenvertrag*, essentials,
DOI 10.1007/978-3-658-19149-8_4

4.1.1 Keine gesetzliche Form

Der Architektenvertrag unterliegt keiner gesetzlichen Form, d. h. er muss nicht zwingend schriftlich abgeschlossen werden. Er kann vielmehr auch mündlich oder durch schlüssiges Verhalten (=konkludent) zustande kommen.

Es ist daher auch nicht richtig, wenn man pauschal davon ausgeht, es läge kein Architektenvertrag vor, weil man (noch) keinen Vertrag unterschrieben habe: Der Architektenvertrag kann zeitlich auch vor Unterzeichnung eines schriftlichen Architektenvertrages abgeschlossen worden sein; dann aber eben konkludent (z. B. durch Verwertung der Planungsleistungen). Ob dies der Fall ist, ist immer anhand einer Gesamtbetrachtung der Umstände des Einzelfalls zu klären. Es gibt insbesondere keine (gesetzliche oder richterliche) Vermutung dass selbst umfangreiche Architektenleistungen nur im Rahmen eines Vertrages erbracht werden.[1] Näheres zu den unter dem Stichwort „kostenlose Akquise" diskutieren Themen erfahren Sie im Kapitel „Unterschrift".[2]

Eine spätere schriftliche Fixierung wirkt dann jedenfalls dahin gehend, dass ab dem Zeitpunkt der Unterzeichnung die schriftlich fixierten Regelungen gelten sollen. Ist nicht schriftlich festgelegt, was im Zeitraum vor Unterzeichnung zu gelten hat, wäre dies wiederum durch eine Auslegung der Umstände des Einzelfalls zu klären.

Tipp

Im Ausgangsfall sollte A daher darauf achten, dass der Vertrag Regelungen zu seinen Skizzen, Zeichnungen und Überlegungen zur Bebaubarkeit – auch unter Honorargesichtspunkten – enthält.

4.1.2 Faktischer Formzwang?

Eine andere, weder mit den gesetzlichen, noch den vereinbarten Formvorschriften im Zusammenhang stehende Frage ist indes, ob nicht § 7 Abs. 1 HOAI faktisch dazu zwingt, den Architektenvertrag immer schriftlich abzuschließen. Dort heißt es:

[1]OLG Frankfurt, Urteil vom 07.12.2012, 10 U 183/11.

[2]Vgl. unten Ziffer 4.20.2.

> Das Honorar richtet sich nach der schriftlichen Vereinbarung, die die Vertragsparteien bei Auftragserteilung im Rahmen der durch diese Verordnung festgesetzten Mindest- und Höchstsätze treffen.

Um die Thematik zu verdeutlichen, vergegenwärtigen wir uns den Ausgangsfall. As Angebot liegt deutlich über den Mindestsätzen. U bittet A daraufhin, „loszulegen". A fängt mit der Planung an.

Was passiert juristisch? Die Worte, „legen Sie los", stellt eine ausdrückliche Beauftragung des A durch den U dar. Dies bedeutet, in diesem Moment ist der Architektenvertrag mündlich zustande gekommen. Die von A zu erbringenden Planungsleistungen ließen sich dahin gehend auslegen, dass es die in seinem Angebot genannten sein sollen. Aber was ist mit dem über dem Mindestsatz liegenden Honorar? Dies kann A nicht verlangen, sondern nur den Mindestsatz (§ 7 Abs. 5 HOAI). Denn diese Vereinbarung – über das Honorar – wurde nicht schriftlich, wie es § 7 Abs. 1 HOAI verlangt, „bei" Auftragserteilung abgeschlossen, sondern kommt U auf A erst 3 Monate später zu. „Bei" Auftragserteilung, also in dem Moment, in dem U sagt „leg los", liegt maximal eine mündliche Honorarvereinbarung vor. Die Geltendmachung des den Mindestsatz überschreitenden Honoraranteils scheitert also am Nicht -Vorliegen der „schriftlichen Honorarvereinbarung" nach § 7 Abs. 1 HOAI. Eine spätere schriftliche Vereinbarung des Honorars behebt/korrigiert dies nicht: § 7 Abs. 1 HOAI spricht von „bei Auftragserteilung" und meint damit einen sehr engen zeitlichen Zusammenhang mit dem Abschluss des Architektenvertrages.[3] Zu Veranschaulichung dient Abb. 4.1.

Angesichts des insoweit wegen § 7 Abs. 1 HOAI drohenden Honorarverlustes für den Architekten (Zurückfallen auf den Mindestsatz) ist darauf zu achten, dass

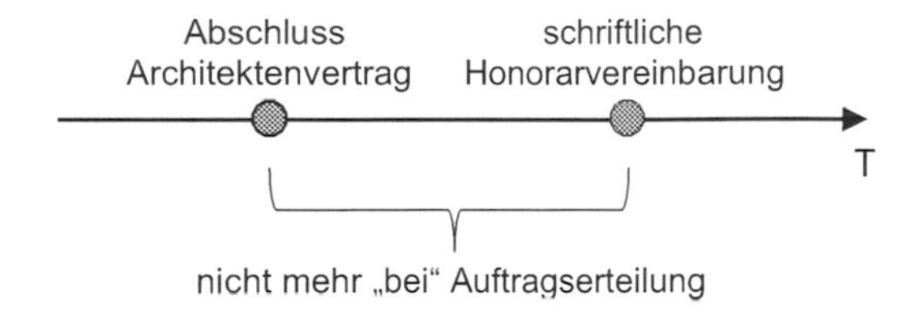

Abb. 4.1 „Mindestsatzfalle"

[3] z. B. sind 7 Tage nach Abschluss des Architektenvertrages zu spät, OLG Düsseldorf, Urteil vom 22.07.1988, 22 U 109/88.

der Architektenvertrag zeitlich nicht vor dem Abschluss der Honorarvereinbarung liegt. Anderenfalls ist sie unwirksam mit der Folge, dass dem Architekt nur der Mindestsatz zusteht (§ 7 Abs. 5 HOAI).

Versuchen zu „retten" kann man dies, indem sich der Architekt auf den Standpunkt stellt, der vorherige Beginn der Planungstätigkeit habe allein Beschleunigungsinteressen des AGs gedient.[4] Solche Umstände können darauf hindeuten, dass ein früherer Vertragsschluss nicht erfolgt ist.[5] Funktionieren kann dies nur, wenn der Architekt frühzeitig entsprechende Äußerungen seines AGs dokumentiert (z. B. in E-Mails).

4.2 Die Überschrift – Charakter des Vertrages

Oftmals beginnt der Vertrag mit der Überschrift „Architektenvertrag" oder spricht man von einem solchen. Aber was bedeutet dies? Der BGH hat bereits 1960 entschieden, dass der Architektenvertrag dem Werkvertragsrecht der §§ 631 ff. BGB unterfällt.[6] Dies gilt auch für Architektenverträge, die nur Teilleistungen (z. B. nur die Objektüberwachung) zum Gegenstand haben.[7]

Relevanz hat dies vor allem bzgl. der geschuldeten Leistung, des Beginns und der Länge der Verjährungsfrist:

- Der Architekt schuldet die Herstellung des versprochenen Werks (§ 631 Abs. 1 BGB), also einen Erfolg! Der BGH verlangt für den Architektenvertrag, dass die Leistungen des Architekten den „von den Vertragsparteien verfolgten Zweck" erreichen müssen; dazu gehört auch, dass die Planung die vereinbarte oder nach dem Vertrag vorausgesetzte Funktion erfüllt.[8] Das gilt ferner dann, wenn explizit eine bestimmte Leistung, wie z. B. ein Planungsdetail, vereinbart ist.[9] Und was ist das „Werk", was letztendlich funktionieren muss? Es ist nicht das Bauwerk als solches, sondern die Planung. Planung bedeutet geistige

[4]LG Köln, Urteil 18.02.2011, 32 O 113/09.

[5]BGH, Urteil 16.12.2004; VII ZR 16/03. Eine Begründung, warum in solchen Fällen die sehr strenge Formvorschrift des § 7 Abs. 1 HOAI durch den Willen der Parteien (das Beschleunigungsinteresse) umgangen werden kann, findet sich in dem Urteil nicht.

[6]Urteil 26.11.1959, VII ZR 120/58.

[7]BGH, Urteil 22.10.1981, VI ZR 310/79.

[8]BGH, Urteil 20.12.2012, VII ZR 209/11.

[9]BGH, Urteil 29.09.2011, VII ZR 87/11.

Arbeit, etwas gedanklich vorwegnehmen, was sich aus vielen Einzelleistungen zusammensetzen kann. Der Architekt muss also eine einwandfreie Planung erbringen, die so geschaffen ist, dass mit ihr ein mangelfreies Bauwerk entstehen kann.

- Hieran wird sich nichts durch den § 650p der BGB-Baurechtsreform ändern.[10] Dieser enthält zwar eine Regelung zu den vertragstypischen Pflichten aus Architekten- und Ingenieurverträgen. Bei ihr handelt es sich jedoch nur um eine Ergänzung des allgemeinen Grundsatzes des § 631 BGB, wonach ein Erfolg geschuldet ist (Fuchs 2015a).
- Im Werkvertragsrecht gilt eine 5-jährige Gewährleistung für Mängel, die erst mit der Abnahme der Architektenleistung zu laufen beginnt.

4.3 Die Parteien

Der Überschrift folgt regelmäßig die Bezeichnung der am Vertrag Beteiligten, der Parteien. Bei Werkverträgen wird der Architekt in der Gesetzessprache „Unternehmer" genannt, für den Auftraggeber verwendet das Gesetz den Begriff „Besteller". Gegen die Wahl der Begriffe „Auftragnehmer" oder „Architekt" ist ebenso wenig einzuwenden, wie gegen die Verwendung des Begriffs „Auftraggeber". Die Begrifflichkeiten sollten jedenfalls einheitlich im Vertragstext beibehalten werden.

Auch die Firmenbezeichnung und die Vertretungsverhältnisse sollten vollständig und richtig sein[11], z. B.:

XYZ Planungsgesellschaft mbH, Parkallee 1, 08151 Musterstadt, vertreten durch den Geschäftsführern, Herrn Dipl. Ing. Max Mustermann

Bei Büros oder Bauherrengemeinschaften, die als Gesellschaft des bürgerlichen Rechts auftreten, ist darauf besonders zu achten, um etwaigen Problemen in einer Zwangsvollstreckung von vornherein zu begegnen. Das Gesetz geht davon aus, dass jeder der Gesellschafter vertretungsberechtigt ist. In Konsequenz sind daher grundsätzlich alle Gesellschafter zu nennen:

[10]Vgl. hierzu unten Ziffer 4.7.4.

[11]Dies auch, damit rechtliche Erklärungen egal welcher Art (z. B. Bedenkenhinweise, Kündigung) an den richtigen Adressaten versandt werden, die jeweils andere Partei.

Planungs-GbR XYZ, Parkallee 1, 08151 Musterstadt, vertreten durch die Gesellschafter, Herrn Dipl. Ing. Max Mustermann und Herrn Dipl. Ing. Klaus Musterfrau

Hiervon wird aber in der Praxis vielfach durch den Gesellschaftsvertrag abgewichen (z. B. wird Einzelvertretung vereinbart). Tritt eine Vertragspartei also als Gesellschaft des bürgerlichen Rechts auf, sind die Vertretungsverhältnisse frühzeitig zu klären.

4.4 Die Präambel

Im anglo-amerikanischen und internationalen Recht sind Präambeln weit verbreitet. Sie haben die Funktion, die Entstehung und die Motivation der Parteien darzustellen und sollen dabei rechtlich unverbindlich sein. Man muss sich aber bewusst sein, dass sie dessen ungeachtet z. B. für die Auslegung herangezogen werden können oder die Geschäftsgrundlage des Vertrages darstellen können; damit wären sie wieder rechtlich beachtlich.

Als Konsequenz hieraus sollte

- in der Regel keine Präambel

benutzt werden. Will man dennoch eine Präambel aufnehmen, hat diese so genau wie möglich zu sein, um einer nicht gewollten späteren (richterlichen) Vertragskorrektur vorzubeugen (Langenfeld 2004, S. 91, Rz. 248).

4.5 Der Gegenstand des Vertrages

Regelmäßig unmittelbar nach den Parteien folgt im Vertrag eine Regelung zum sog. „Vertragsgegenstand“. Seine Bedeutung ist aus mehreren Gründen sehr hoch:

- Zum einen legt er fest, um welches Planungs- oder Bauvorhaben es geht.
- In diesem Zusammenhang hat der BGH hat mit Urteil vom 23.04.2015[12] entschieden, dass ein Architektenvertrag unwirksam sein kann, wenn nicht deutlich genug beschrieben ist, auf welche Gebäude, Bauteile, Gewerke etc. sich

[12] VII ZR 131/13.

der Vertrag bezieht.[13] Fehlt es an einer hinreichend genauen Beschreibung des Vertragsinhalts, kann der Vertrag nur aufrechterhalten werden, wenn zugunsten einer der Parteien (ausdrücklich oder konkludent) ein Leistungsbestimmungsrecht bzgl. der vom Architekten zu erbringenden Leistungen vereinbart ist.

- Zum anderen legt er fest, was der Inhalt des vom Architekten zu erbringenden Werkerfolgs ist und hat damit wesentlichen Einfluss darauf, wie die „einwandfreie Planung"[14] beschaffen sein muss. Damit wird die Grenze für die Mängelhaftung des Architekten bestimmt.
- Letztendlich ist mit seiner Hilfe auch zu klären, welche Leistungen des Architekten noch von der vertraglich vereinbarten Vergütung umfasst sind und welche nicht. Damit dient er auch dazu, Änderungsleistungen von Leistungen abzugrenzen, die noch vom vertraglich vereinbarten Honorar umfasst sind.

An einer frühen Stelle im Vertrag werden also wesentliche Weichen gestellt. Dennoch sind in der Praxis oft Fälle anzutreffen, in denen der Klärung und der schriftlichen Fixierung des Vertragsgegenstandes keine oder kaum Bedeutung beigemessen werden; dies ist vielfach die Ursache für (gerichtliche) Streitigkeiten.

Die Regelung zum Vertragsgegenstand sollte daher Festlegungen enthalten zu:

- Leistungsbild/er
  (z. B. bei Objektplanung, ob Gebäude, Innenräume oder Freianlagen)
- Grundstück
  (z. B. Straße, Hausnummer, PLZ, Ort, Objektname, Flurnummer)
- Was gemacht werden soll
  (z. B. Neubau, Erweiterung, Umbau, Modernisierung)
- Wo es gemacht werden soll
  (z. B. Benennung des betroffenen Gebäudeteils, Name des Neubauprojekts)

Im Ausgangsfall wurde alles dies gänzlich versäumt.

---

[13] Sog. „Bestimmtheitserfordernis", wonach jeder Vertrag nur wirksam ist, wenn sein Inhalt ausreichend deutlich bestimmt oder bestimmbar ist. Der Vertrag im Fall des BGH – VII ZR 131/31 – ließ offen, welche Gebäude beplant und für welche der einzelnen Gebäude welche Arbeiten geplant sind.

[14] Vgl. hierzu oben Ziffer 4.2.

4.6 Die Vertragsgrundlagen

Der Festlegung des Vertragsgegenstands folgen die „Vertragsbestandteile" genannten Dinge, also die dem Vertrag beiliegenden Unterlagen (z. B. Leistungsbeschreibungen, Skizzen, [Termin-] Pläne, Honorarermittlungen, Lagenplan), aber auch eine Auflistung der zu beachtenden Regelungen (z. B. BGB, HOAI, EnEV).

4.6.1 Die dem Vertrag beigefügten Unterlagen

Die dem Vertrag beiliegenden oder in Bezug genommenen Unterlagen werden herangezogen, um den Vertragsgegenstand zu bestimmen und haben daher ebenfalls Einfluss auf die Frage der Bestimmtheit, den Werkerfolg sowie die Frage, wann Änderungsleistungen vorliegen.[15] Ihre Bedeutung ist daher ebenfalls hoch einzustufen.

Die Beifügung von Unterlagen hat wiederum den Zweck, Streitigkeiten zu vermeiden. Diesen Zweck kann man nur erreichen, wenn man sich vor ihrer Auflistung im Vertrag ausreichend Gedanken macht, welche Wertigkeit die jeweilige Unterlage hat und wie ihre Reihenfolge aussehen soll. Denn der Vertrag ist immer mit allen seinen Anlagen als sinnvolles Ganzes auszulegen. Es gibt auch keinen grundsätzlichen Vorrang der einen vor der anderen Unterlage.[16] Legt man daher keine Reihenfolge fest, sind alle Unterlagen gleich bedeutsam.

Tipp

Orientieren kann man sich für die Gestaltung z. B. an der Regelung § 1 Abs. 2 VOB/B.

In diesem Zusammenhang finden sich oft Klauseln, mit denen der Auftraggeber versucht, das Risiko der Fehlerhaftigkeit dieser Unterlagen auf den Auftragnehmer zu verlagern, z. B. so:

[15] Vgl. hierzu oben Ziffer 4.5.

[16] Z. B. BGH, Urteil, 11.03.1999, VII ZR 179/98: kein Vorrang des Leistungsverzeichnisses vor den Vorbemerkungen.

Der Auftragnehmer bestätigt, dass er die vorstehenden Unterlagen auf Durchführbarkeit, Vollständigkeit und insbesondere auf technische Richtigkeit hin überprüft hat.

Derartige Klauseln sind in AGBs in der Regel unwirksam. Gleiches gilt z. B. für Klauseln „die örtlichen Verhältnisse seien bekannt" oder, dass man sich „ausreichend Klarheit über die zu erbringenden Leistungen durch Einsichtnahme in die Unterlagen, Zeichnungen, sowie durch eingehende Besichtigung der Baustelle verschafft" hat (Markus et al. 2014, Rz. 174, 175 m. w. N.).

4.6.2 Die zu beachtenden Regelungen

Weit verbreitet sind Regelungen die festlegen, welche gesetzlichen (z. B. HOAI, BGB) und welche Bestimmungen bzgl. der zu erbringenden Qualität (z. B. allgemein anerkannten Regeln der Technik, EnEV) gelten sollen.

Unproblematisch sind Verweise darauf, dass die HOAI in der bei Vertragsschluss geltenden Fassung Anwendung findet. Dies ergibt sich aus § 58 HOAI. Ebenso zulässig ist es darauf zu verweisen, dass die Regelungen des BGB, z. B. die des Werkvertragsrechts in §§ 631 ff. BGB, Anwendung finden. Nicht möglich ist die Anwendung der VOB/B.[17] Es handelt sich bei ihr um ein speziell auf Bau- und nicht auf Planungsleistungen zugeschnittenes Regelwerk.

Problematisch kann aber die Vereinbarung einer alten Fassung der HOAI sein. Es ist umstritten, ob eine solche Vereinbarung in AGBs unwirksam ist oder erst, wenn sie zu einer Unter- oder Überschreitung der geltenden Mindest- und Höchstsätze führt (Locher et al. 2017, § 57, Rz. 8 m. w. N.).

Hinsichtlich der qualitativen Anforderungen hat der Architekt – auch ohne ausdrückliche Vereinbarung – Planungsleistungen zu erbringen, die den allgemein anerkannten Regeln der Technik als Mindestanforderung entsprechen (qualitativ unterster Standard). Sind diese nicht erfüllt, liegt grundsätzlich ein Planungsfehler vor. Etwas komplett Anderes ist der sog. Stand der Technik. Er verlangt einen gegenüber den allgemein anerkannten Regeln der Technik gesteigerte techn. Fortschrittlichkeit.

[17]Z. B. BGH, Urteil vom 15.06.2000, VII ZR 212/99.

Tipp

Achten Sie auf die Begrifflichkeit, v. a. was im Vertrag steht. Die Unterschiede sind erheblich. In der Praxis ist nach wie vor der weit verbreitete gravierende Irrtum anzutreffen, die Begriffe „allgemein anerkannte Regeln der Technik“ und „Stand der Technik“ sind inhaltsgleich; dies ist falsch.

Letztendlich hat der Architekt die öffentlich-rechtlichen Vorgaben zu beachten, die an das Bauwerk gestellt werden. Er muss seine Planung so gestalten, dass sie eingehalten sind.[18] Hierzu gehört auch die EnEV.

Die Frage, welche Fassung der allgemein anerkannten Regeln der Technik oder z. B. der EnEV einzuhalten ist, ist weitgehend unklar. Für die Geltung der allgemein anerkannten Regeln der Technik kommt es grundsätzlich auf den Zeitpunkt der Abnahme – der Architekten- und nicht der Bauleistungen! – an.[19] Unklar ist ebenfalls, ob nicht der Erwartungshorizont v. a. eines privaten Auftraggebers dahingeht, dass die Planung die zum Fertigstellungszeitpunkt seines Vorhabens geltenden öffentlich-rechtlichen Vorgaben umzusetzen habe (z. B. die EnEV). Hierfür spricht, dass die Rechtsprechung auf die „berechtigte Erwartung des Erwerbers“ abstellt.[20] Angesichts steigender Energiepreise und eines ausgeprägten Energiespargedankens in der Bevölkerung kann gut vertreten werden, dass insbesondere Regelungen, welches dieses Ziel verfolgen (z. B. die EnEV) in der bei Fertigstellung des Bauvorhabens geltenden Fassung umzusetzen sind (Vogel 2009).

Im Vertrag sollte daher festgelegt werden,

- was der maßgebliche Zeitpunkt für die Geltung der allgemein anerkannten Regeln der Technik und der öffentlich-rechtlichen Vorschriften ist

und im Fall, dass der Vertrag eine Abweichung zu den eben beschriebenen Zeitpunkten enthält

[18] BGH, Urteil vom 27.09.2001, VII ZR 391/99.

[19] Z. B. OLG Düsseldorf, Urteil vom 15.04.2011, 23 U 90/10; hingegen auf den Zeitpunkt der Leistungserbringung abstellend: OLG München, Beschluss vom 15.01.2015 – 9 U 3395/14 Bau.

[20] BGH, Urteil vom U16.12.2004, VII ZR 257/03.

- sollte insbesondere ein privater Auftragnehmer ausdrücklich, umfassend und richtig über die sich daraus ergebenen Folgen aufgeklärt werden. Allein die Kenntnis, dass von etwas abgewichen wird, reicht nicht.[21]

4.6.3 Klare und verständliche Auflistung

Auch Regelungen zu den Vertragsgrundlagen können in AGBs unwirksam sein. Dies dann, wenn die Auflistungen und Verweise zu Unklarheit und Unverständlichkeit führen, also nicht mehr erkennbar ist, was (wie) in welcher Reihenfolge gelten soll.

Hüten sollte man sich daher vor Regelungen, die versuchen, jede erdenkliche Norm oder Vorgabe aufzunehmen. Weniger ist hier Mehr.

Möglich wäre z. B. folgende Regelung:

Dem Vertrag liegen die zum Zeitpunkt der Angebotserstellung geltenden öffentlich-rechtlichen Normen (z. B. EnEV, Landesbauordnung) und technischen Vorgaben (z. B. allgemein anerkannte Regeln der Technik, DIN-Normen) zugrunde. Relevante Änderungen können derzeit nicht abgesehen werden und bleiben vorbehalten.

4.7 Der Leistungsumfang

Das Kernstück des Architektenvertrages ist die Regelung über den Umfang der vom Architekten zu erbringenden (Planungs-)Leistungen. Angesichts dessen, dass der Architektenvertrag ein Werkvertrag nach den §§ 631 ff. BGB ist[22], sind für den Umfang der zu erbringenden Leistungen primär auch diese Regelungen maßgeblich. Diese Selbstverständlichkeit kann nicht genug betont werden: In der Praxis ist vielfach die Auffassung anzutreffen, dass sich die vom Architekten zu erbringenden Leistungen aus der HOAI (z. B. des § 34 Abs. 4 i. V. m. Anlage 10) ergeben. Diese Auffassung ist in dieser Pauschalität nicht richtig; sie zeigt vielmehr, dass das wesentliche Zusammenspiel von BGB und HOAI sowohl von Architekten, aber auch aufseiten der AGs nicht verstanden wird.

[21] OLG München, Urteil vom 14.06.2005, 28 U 1921/05.

[22] Vgl. hierzu oben Ziffer 4.2.

4.7.1 Die gesetzliche Systematik

§ 631 Abs. 1 BGB spricht davon, dass der Architekt verpflichtet ist, das „versprochene Werk herzustellen".

- Wie oben unter Ziffer 4.2 dargestellt, ist das „Werk" zunächst nicht das Bauvorhaben selbst. Dies veranschaulicht der durch die Bauvertragsrechtsreform neu eingefügte § 650o BGB, indem er von „Planungs- und Überwachungszielen" spricht, welche der Architekt zu erreichen hat.
- Das Werk muss auch „versprochen" sein. Damit meint das Gesetz eine Vereinbarung, eben über das Werk. Diese Vereinbarung, besonders ihre Inhalte unterliegen wiederum der freien Gestaltung der Vertragsparteien.[23] Der neue § 650o BGB spricht insoweit eindeutig von „vereinbarten Planungs- und Überwachungszielen".[24]
- Daraus folgt: Wie die Planungsleistungen und damit das Werk beschaffen sein muss, können die Parteien frei vereinbaren.

Die HOAI hat also darauf, was die Parteien als zu erbringende Planungsleistungen vereinbaren (zunächst) keinen Einfluss:

- Dies macht zum einen die Gesetzessystematik deutlich: der § 631 BGB nachfolgende §, nämlich 632 BGB, regelt die Vergütung und spricht erst in seinem Absatz 2 die HOAI als übliche oder taxmäßige Vergütung an. Damit geht das Gesetz davon aus, dass die Vereinbarung über die zu erbringenden Leistungen nichts mit der hierfür zu zahlenden Vergütung – dem Honorar nach der HOAI – zu tun hat.
- Aber auch der Begriff der HOAI zeigt dies: HONORAR-ordnung für Architekten und Ingenieure. Sie regelt allein, welches Geld der Architekt bekommt, wenn er dort genannten Leistungen erbringt.[25]

---

[23]Vgl. hierzu oben Ziffer 3: „Privatautonomie".

[24]Vgl. hierzu unten Ziffer 4.7.8.

[25]Vgl. hierzu oben Ziffer 1.2. Vergleichbar einem Preisschild für Eis am Kiosk: dass Eis, was Sie wollen, müssen Sie zunächst bestellen (=Leistung). Haben Sie bestellt, kostet es den Preis, der auf dem Preisschild steht (=HOAI).

4.7.2 Die Handhabe in der Praxis

Die eben dargestellte systemische Zweiteilung zwischen vereinbartem Werk und der hierfür zu zahlenden Vergütung wird in der Praxis vielfach vermischt. Der Ausgangsfall zeigt diese Typik auf: es wird lediglich ein Angebot über das Honorar – angelehnt an der HOAI und mit Bezugnahmen auf sie – abgegeben. Der Auftraggeber beauftragt dieses letztendlich.

Was ist passiert? Es fehlt an einer ausdrücklichen Vereinbarung über das „versprochene Werk", also über den Umfang der zu erbringenden Planungsleistungen. In diesem und ähnlichen Fällen ist sodann auszulegen, wie weit der Umfang der zu erbringenden Planungsleistungen reicht.[26] Für diese Auslegung greift die Rechtsprechung auf die im Angebot enthaltenen Bezugnahmen auf die HOAI zurück. Die Auslegung führt regelmäßig dazu, dass für die Konkretisierung der zu erbringenden Planungsleistungen auf die HOAI, insbesondere die sich in ihren Anlagen findenden Grundleistungskataloge zurückgegriffen werden kann. Alle dort enthaltenen Grundleistungen sind dann als jeweils einzelne Arbeitsschritte im Sinne selbstständiger Teilerfolge zu erbringen. Die Auslegung kann sogar so weit gehen, dass selbst Grundleistungen, die für das konkrete Projekt nicht erforderlich sind, zu erbringen sind (Kniffka und Koeble 2014, 12. Teil, Rz. 652).

Es hat aber noch weitere Auswirkungen: erbringt der Architekt einzelne Grundleistungen nicht (z. B. weil er sie nicht für erforderlich hält), führt dies dazu, dass der Auftraggeber bzgl. der jeweils nicht erbrachten Grundleistung das Honorar kürzen kann.

Tipp

Vor vermeintlichen „schnellen" Angeboten oder Beschreibungen des Leistungsumfangs durch Bezugnahmen auf die HOAI ist daher abzuraten. Dadurch wird die Bestimmtheit des Leistungsumfangs riskiert, sogar erheblich ausgedehnt und geht der Architekt das Risiko ein, später Honorarkürzungen hinnehmen zu müssen.[27]

[26] BGH, Urteil vom 24.06.2004, VII ZR 259/02.

[27] BGH, Urteil vom 28.07.2011, VII ZR 65/10.

4.7.3 Die Folgen für die Praxis

Belässt man es für die Leistungsumfang bei einer Inbezugnahme auf die HOAI, z. B.:

Der Auftragnehmer erbringt die Leistungen, die in den folgenden Leistungsphasen des § 34 Abs. 4 HOAI i. V. m. Anlage 10 genannt sind:
- *Leistungsphase 1: Grundlagenermittlung*
- *Leistungsphase 2: Vorplanung*

[…]

stellen sich die eben unter Ziffer 4.7.2 dargestellten Folgen. Alternativ kommt daher eine explizite Auflistung nur der Grundleistungen je Leistungsphase in Betracht, die erbracht werden sollen; nicht zu erbringende Grundleistungen werden weggelassen. Eine solche Vorgehensweise ist vor allem dem Architekten/Auftragnehmer zu empfehlen:

Der Auftragnehmer erbringt nur die Leistungen, die in den folgenden Leistungsphasen des § 34 Abs. 4 HOAI genannt sind. (Grund-) Leistungen, die nicht genannt sind, sind nicht geschuldet.
- *Leistungsphase 1: Grundlagenermittlung*
  - *Ortsbesichtigung*
  - *Beraten zum gesamten Leistungs- und Untersuchungsbedarf*
- *Leistungsphase 2: Vorplanung*
  - *Analysieren der Grundlagen*
  - *Abstimmen der Zielvorstellungen*

[…]

Dies kann auch in eine Anlage zum Vertrag aufgenommen werden, auf die im Vertragstext Bezug genommen wird:

Der Auftragnehmer erbringt nur die Leistungen nach § 34 HOAI, die in der diesem Vertrag als Anlage 1 beiliegenden Leistungsbeschreibung ausdrücklich genannt sind; (Grund-) Leistungen, die nicht genannt sind, sind nicht geschuldet.

Möglich ist auch eine Negativ-Auflistungen:

Der Auftragnehmer hat sämtliche sich aus der Anlage 10 gem. § 34 Abs. 4 HOAI ergebenden Grundleistungen zu erbringen. Ausgenommen hiervon sind folgende Grundleistungen:

- *Leistungsphase 1: Grundlagenermittlung*
  - *Ortsbesichtigung*
  - *Beraten zum gesamten Leistungs- und Untersuchungsbedarf*
- *Leistungsphase 2: Vorplanung*
  - *Analysieren der Grundlagen*
  - *Abstimmen der Zielvorstellungen*

[…]

Daneben sind weitere Modelle denkbar. Dies z. B. derart, dass ein Katalog von Zielvorstellungen des Auftraggebers aufgenommen wird, an dem sich die Planung auszurichten oder dessen Abarbeitung Voraussetzung für eine mangelfreie Vertragserfüllung ist.

4.7.4 Auswirkungen der Baurechtsreform

Mit Wirkung zum 01.01.2018 wird durch die Baurechtsreform eine spezielle Regelung für die vertraglichen Pflichten aus Architektenverträgen gelten, § 650o BGB:

> Durch einen Architekten- oder Ingenieurvertrag wird der Unternehmer verpflichtet, die Leistungen zu erbringen, die nach dem jeweiligen Stand der Planung und Ausführung des Bauwerks oder der Außenanlage erforderlich sind, um die zwischen den Parteien vereinbarten Planungs- und Überwachungsziele zu erreichen.
>
> Solange die Planungs- und Überwachungsziele nicht vereinbart sind, schuldet der Unternehmer in der Regel die zur Konkretisierung dieser Ziele notwendigen Leistungen.

Ob es tatsächlich eine Regelung wie in § 650o Satz 1 BGB bedarf, ist fraglich. Wie unter den vorangegangen Ziffern dargestellt wurde, richtet sich die vom Architekten zu erbringende Leistung nach dem Vertrag, der bei Bedarf auszulegen ist. Auch ohne eine spezielle gesetzliche Regelung können Planungs- und Überwachungsziele sowie einzelne Leistungsschritte jederzeit vertraglich vereinbart werden.

§ 650o Satz 2 BGB beinhaltet eine Regelung für Fälle, bei denen die Planungsleistung zum Zeitpunkt des Vertragsabschlusses noch nicht bestimmbar ist (z. B. weil die Ziele des Auftraggebers unklar sind).

Zu einem solchen Fall ist indes das oben unter Ziffer 4.5. näher dargestellte Urteil des BGH vom 23.04.2015 ergangen. Es wurde entschieden, dass ein Vertrag, dessen Aufgabenstellung und Bedarf noch unklar sind, wegen fehlender Bestimmtheit unwirksam ist, sofern kein Leistungsbestimmungsrecht des Auftraggebers vereinbart ist. Die Regelung in § 650o Satz BGB berücksichtigt dies nicht.

Es bleibt daher abzuwarten, wie sich die Regelung des § 650o BGB in der Praxis entwickelt.

4.7.5 Zusammenfassende Übersicht

Abb. 4.2 stellt das Zusammenspiel des Leistungsumfangs und der Vergütung nochmals dar.

4.7.6 Komplettheitsklauseln

Immer wieder anzutreffen sind Regelungen, die den Architekten dazu verpflichten, auch Leistungen auszuführen, die weder im Vertrag oder dessen Anlagen, noch in der HOAI genannt, aber erforderlich sind, den werkvertraglichen Erfolg herbeizuführen.

Derartigen Klauseln haftet ein erhebliches Unwirksamkeitsrisiko an, sofern sie in AGBs verwendet werden (Markus et al. 2014, Rz. 200 ff.). Denn um festzustellen, welche Planungen bereits vorhanden und welche noch zu erbringen sind, müsste der Architekt die Planung praktisch schon bei Vertragsschluss vollständig vorliegen haben.

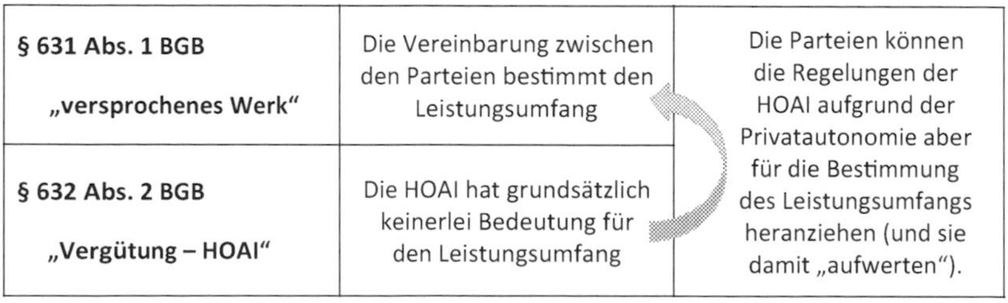

<table>
<tr><td>§ 631 Abs. 1 BGB
„versprochenes Werk“</td><td>Die Vereinbarung zwischen den Parteien bestimmt den Leistungsumfang</td><td rowspan="2">Die Parteien können die Regelungen der HOAI aufgrund der Privatautonomie aber für die Bestimmung des Leistungsumfangs heranziehen (und sie damit „aufwerten“).</td></tr>
<tr><td>§ 632 Abs. 2 BGB
„Vergütung – HOAI“</td><td>Die HOAI hat grundsätzlich keinerlei Bedeutung für den Leistungsumfang</td></tr>
</table>

Abb. 4.2 Leistungsumfang

4.8 Baukosten

Aufgrund der für den Auftraggeber immer wichtiger werdenden Kostensicherheit versucht er regelmäßig, die Einhaltung der Baukosten vom Architekten einzufordern. Es gibt viele Wege, dies zu tun. Diese können im Folgenden aufgrund des Umfangs und der Komplexität nur in den Grundzügen dargestellt werden.

4.8.1 Kein Versicherungsschutz

Vertraglichen Regelungen egal welcher Art sollte besonders vom Architekten ausnahmslos mit Vorsicht begegnet werden. Grund ist die Ausschlussklausel in Ziffer A. 4.2. der BBR/Arch[28]. Danach ist der Versicherungsschutz für Schäden

> aus der Überschreitung von Vor- und Kostenanschlägen

ausgeschlossen. Einerseits ist nicht jeder Fehler, der sich auf die Kosten auswirkt, von dieser Klausel erfasst. Andererseits kann der individuelle Versicherungsvertrag hiervon abweichende, v. a. erweiternde Regelungen enthalten.

Daher sollte vor Vereinbarung einer Regelung zur Kostensicherheit

- geprüft werden, ob Ziffer A. 4.2 der BBR/Arch Bestandteil des Versicherungsvertrages geworden ist

und

- mit der Versicherung verbindlich geklärt werden, ob und in welchem Umfang Deckung für die konkret im Vertrag vorgesehene Regelung zur Kostensicherheit besteht (z. B. durch eine zusätzliche Versicherung[29]).

---

[28]Besondere Bedingungen und Risikobeschreibungen für die Berufshaftpflichtversicherung von Architekten, Bauingenieuren und Beratenden Ingenieuren.

[29]In der Praxis sind Regelungen anzutreffen, wonach sich die Parteien die hierfür anfallenden Kosten teilen.

4.8.2 Die Handhabe in der Praxis

In Verträgen sind oft Regelungen zu Baukostenobergrenzen, seltener zu Baukostengarantien zu finden.[30]

Die Baukostengarantie führt zu sehr empfindlichen Rechtsfolgen für den Architekten: sie verschafft dem Auftraggeber einen verschuldensunabhängigen Anspruch auf Zahlung der Mehrkosten.[31] Eine Baukostengarantie kann z. B. folgendermaßen lauten:

> *Der Auftragnehmer verpflichten sich, die Gesamtkosten von EUR [...] zzgl. derzeit geltender Umsatzsteuer nicht zu überschreiten.*[32]

Das tückische an dieser, aber auch an anderen Regelungen zur Baukostengarantie ist, dass das Wort „Garantie" weder ausdrücklich fallen muss, noch alleine ausreicht, um eine Baukostengarantie zu begründen. Maßgeblich für das Vorliegen einer Baukostengarantie ist immer eine am konkreten Einzelfall auszurichtende Auslegung. Will man daher sicherstellen, dass keine Baukostengarantie übernommen wird, sollte dies z. B. wie folgt klargestellt sein:

> *Die Übernahme einer Baukostengarantie egal welcher Art (z. B. selbständig verschuldensunabhängig) und egal durch welche Regelungen, erfolgt nicht.*

Üblich sind hingegen Regelungen, mit denen die Einhaltung von bestimmten Kosten als Beschaffenheit – und damit als vom Architekten einzuhaltender Erfolg – vereinbart werden. Werden die so vereinbarten Kosten nicht eingehalten, stehen dem Auftraggeber die allgemeinen Gewährleistungsansprüche zu.

---

[30]Daneben gibt es weitere Pflichten hinsichtlich der Kosten, z. B. Abklärung des Finanzrahmens des Projekts, Klären und Erläutern der wirtschaftlich wesentlichen Zusammenhänge in der Leistungsphase 2, Mitwirken bei der Kredit- und Fördermittelbeschaffung oder Aufstellen eines Finanzierungsplans als besondere Leistung in der Leistungsphase 2, richtige Kostenberechnung in der Leistungsphase 3.

[31]BGH, Urteil vom 22.11.2012, VII ZR 200/10.

[32]So im Fall BGH, Urteil 22.11.2012, VII ZR 200/10, wobei die Regelung weiter modifiziert war.

Auch solche Regelungen sind tückisch: sie müssen nicht ausdrücklich vereinbart sein.[33] Es reicht z. B. aus, wenn der Architekt von seinem Auftraggeber einseitig geäußerten Kostenvorstellungen nicht widerspricht.[34]

Eindeutig wäre indes folgende Regelung:

Die Einhaltung der in der Kostenaufstellung vom TT.MM.JJJJ genannten Baukosten von EUR [...] ist vereinbarte Beschaffenheit der vom Architekten zu erbringenden Leistung.

Tipp

Der Architekt sollte seinen Auftraggeber frühzeitig und regelmäßig in die Entwicklung der Baukosten einbinden, v. a. wenn die Einhaltung von Baukosten als Beschaffenheit vereinbart ist. In diesem Fall muss der Auftraggeber dem Architekten grundsätzlich eine Frist zur Mängelbeseitigung, d. h. zur Kostenkorrektur, setzen. Dies kann er nur, wenn er in die Kostenentwicklung eingebunden ist. Erfährt der Auftraggeber von der Kostenüberschreitung zu einem Zeitpunkt, in dem er nicht mehr korrigierend eingreifen kann, ist eine Fristsetzung nicht mehr erforderlich. Der Auftraggeber kann dann sofort z. B. Schadensersatz verlangen oder Ersatzvornahmen einleiten. Die Möglichkeit, die Bausummenüberschreitung abzuwehren, hat der Architekt dann nicht mehr.

4.9 Leistungsänderungen

Zankapfel ist regelmäßig, wann eine zu bezahlende Änderung der (ursprünglich) vom Architekten verlangten Leistung und wann ein – nicht zu bezahlender – alternativer Lösungsvorschlag vorliegt. Dabei sind drei Konstellationen denkbar (Motzke 1994):

- Planungsänderung als Teil einer beauftragten, aber noch nicht abgeschlossenen Grundleistung: mit dem vereinbarten Honorar, insbesondere des jeweiligen Von-Hundert-Satz, abgegolten.
- Planungsänderung als weitere oder zusätzliche Erfüllung einer – insbesondere abgeschlossener – Grundleistung: zusätzliche Honorierung.
- Planungsänderung als besondere Leistung: zusätzliche Honorierung.

[33]OLG Frankfurt, Urteil vom 14.12.2006, 16 U 43/06.

[34]BGH, Urteil 21.03.2013, VII ZR 230/11.

4.9.1 Klare Abgrenzung

Zu empfehlen ist daher eine Regelung die dokumentiert, wann eine bestimmter Planungs- oder Leistungsabschnitt des Architekten erreicht ist. Bei sich danach zeigenden Änderungen wir so erkennbar, dass es sich bei ihnen um eine zu vergütende Leistungsänderung handelt. Dies kann z. B. wie folgt aussehen:

Sobald die folgenden Planungs- und Leistungsabschnitte
- …
- …
- …

[…]
erreicht sind, werden diese als für die weiteren vom Architekten zu erbringenden Leistungen verbindlich dokumentiert.
Der Auftragnehmer kann dem Auftraggeber das Erreichen der Planungs- und Leistungsabschnitte mitteilen (z. B. per Email). Widerspricht der Auftraggeber dem Erreichen der mitgeteilten Planungs- und Leistungsabschnitte nicht innerhalb von 2 Wochen ab Zugang der Mitteilung, gilt sein Einverständnis zum Erreichen des Planungs- und Leistungsabschnitts als erteilt. Der Auftragnehmer ist verpflichtet den Auftraggeber auf die Bedeutung seines Verhaltens (z. B. eines fehlenden Widerspruchs und dem damit verbundenen Einverständnis) in der Mitteilung besonders hinzuweisen.[35]
Verlangt der Auftraggeber eine Änderung eines als verbindlich festgestellten Planungs- und Leistungsabschnitts, ist die Änderungsleistung gesondert zu vergüten; im Zweifel gelten die unter Ziffer […] dieses Vertrages festgelegten Stundensätze.

Regelmäßig unwirksam sind Regelungen, welche jegliche Vergütung von Planungsänderungen an eine schriftliche Beauftragung knüpfen.[36]

[35]Dieser und der vorhergehende Satz sind notwendig, damit die Regelung eine Chance hat, wirksam zu sein, § 308 Nr. 5 BGB. Anderenfalls unterliegt sie einem hohen Unwirksamkeitsrisiko.

[36]OLG Stuttgart, Urteil vom 03.05.2007, 19 U 13/05.

4.9.2 Verhältnis zu § 10 HOAI

§ 10 HOAI enthält eine ausgefeilte Regelung zu Leistungsänderungen. Diese ändert aber nichts daran, dass man vertraglich hiervon abweichende Regelung treffen kann. Weder sollte durch § 10 HOAI die Möglichkeit genommen werden, jegliche Ansprüche wegen zusätzlichen Planungsleistungen auszuschließen, noch sollte die grds. BGH-Rechtsprechung[37] zur Vergütung von Planungsänderungen durch § 10 HOAI abgeändert werden (Kniffka und Koeble 2014, 12. Teil, Rz. 517).

4.9.3 Anordnungsrecht des Auftraggebers?

Eine dem § 1 Abs. 3 VOB/B vergleichbare Regelung, wonach der Auftraggeber Leistungsänderungen einseitig anordnen kann, kennt weder der Architektenvertrag, noch die HOAI. Daher ist es noch eine Frage der Auslegung, ob und wenn ja mit welcher Reichweite, ein Anordnungsrecht des Auftraggebers besteht.

„Noch" deshalb, da durch die Baurechtsreform eine neue Regelung in § 650b aufgenommen werden soll, mit welcher der Auftraggeber ein Anordnungsrecht erhält, um v. a. „eine Änderung des Werkerfolges zu erreichen". Mit dieser Regelung wird das Recht, einseitig Änderung von Leistungen anzuordnen, weiter ausgedehnt, als in § 1 Abs. 3 VOB/B. Die VOB/B verlangt zumindest, dass der Bauentwurf als solcher erhalten bleibt. Die Regelung in § 650b Abs. 1 Nr. 1 BGB berechtigt den Auftraggeber indes erst einmal zu jeder Änderung.

Der Auftragnehmer hat der Anordnung nur nachzukommen, wenn ihm die Ausführung zumutbar ist. Dass Zumutbarkeitskriterium wird aber vom BGH als eng auszulegende, nur selten anwendbare Ausnahmevorschrift, die ein grobes Missverhältnis zwischen den Interessen der Vertragsparteien verlangt, verstanden.[38] Die Einschränkung des Anordnungsrechts bringt damit ein hohes Maß an Unsicherheit (wann ist die Anordnung un- oder zumutbar?).

Welche konkreten Auswirkungen diese Regelung auf den Architektenvertrag hat, bleibt abzuwarten. Die eben aufgezeigten Unsicherheiten zeigen allerdings, dass ihnen durch eine Regelung im Vertrag begegnet werden sollte. Kann man es

[37]Urteil vom BGH Urt. v. 26.07.2007, VII ZR 42/05.

[38]BGH, Beschluss 14.01.2009, VIII ZR 70/08.

bis zum Inkrafttreten des § 650b BGB am 01.01.2018 z. B. noch dabei belassen, dass man vereinbart:

Ein Recht des Auftraggebers, einseitig Änderungen, Leistungen neu zu definieren oder zu erweitern, besteht nicht.

Ab dem 01.01.2018 ist auch denkbar, dass man regelt:

Das Anordnungsrecht des Auftraggebers nach § 650b BGB ist ausgeschlossen.[39]

Einen vermittelnden Weg kann man gehen, indem man – sowohl vor, als auch nach dem 01.01.2018 – ein Anordnungsrecht z. B. folgendermaßen vereinbart:

Der Auftraggeber ist jederzeit berechtigt, einseitig Änderungen, Leistungen neu zu definieren oder zu erweitern. Hierunter fallen nicht Optimierungs-, Abstimmungs- und die Planung fortschreibende Tätigkeiten.
Der Auftragnehmer hat diese in seiner Planung zu übernehmen und umzusetzen, sofern sie in einem technischen und gestalterischen Zusammenhang mit den beauftragten Leistungen stehen, er hierzu betriebswirtschaftlich in der Lage ist und sein Urheberrecht nicht entgegensteht.
Die angeordneten Leistungen sind nach den unter Ziffer […] dieses Vertrages festgelegten Stundensätzen zu vergüten.

Diese Regelung kann dahin gehend ergänzt werden, dass im Fall der Anordnung etwaig vereinbarte Vertragstermine anzupassen sind.

4.9.4 Zusammenfassung

Im Vertrag sollte daher für Leistungsänderung festgelegt werden:

- Abgrenzung, ab wann eine (zu vergütende) Leistungsänderung vorliegt
- Klare Regelung zum Anordnungsrecht des Auftraggebers
- Vergütungsmechanismus

[39]Inwieweit diese Regelung unwirksam sein kann, bleibt abzuwarten. Dies betrifft insbesondere Architektenverträge, bei denen der Auftraggeber ein Verbraucher ist.

4.10 Termine

In der Regel ist es dem Architekten aufgrund der Dynamik der kreativen Elemente sowie eines vorher nicht konkret bestimmbaren Planungsprozesses kaum möglich, Termine für die Erbringung bestimmter Planungsleistungen zuzusichern. Andererseits hat der Auftraggeber naturgemäß ein Interesse daran, dass bestimmte Termine eingehalten werden. Letztendlich führt eine effektive Baustellenabwicklung zu Zeit- und ggf. Kostenersparnis.

Für den Architekten führen verbindliche Termine dazu, dass nach ihrem – ergebnislosem – Ablauf Verzug (§ 286 BGB) eintritt und er Schadensersatzansprüchen ausgesetzt ist. Die Überschreitung von Terminen kann den Auftraggeber zudem zur außerordentlichen Kündigung berechtigen. Für den Auftraggeber ist eine Regelung zu Terminen aus diesen Gründen daher sinnvoll.

Allein die Grundleistung der Leistungsphase 2 „Erstellen eines Terminplanes mit den wesentlichen Vorgängen des Planungs- und Bauablaufs" sowie der Leistungsphase 3 und 5 „Fortschreiben des Terminplans" (Anlage 10 zu § 34 Abs. 4 HOAI) führt noch nicht dazu, dass die dortige Termine für die Vertragsparteien verbindlich sind; sie führen damit nicht die eben beschriebenen Rechtsfolgen herbei.

Damit Termine rechtlich verbindlich werden, müssen sie

- zum einen eindeutig definiert werden, d. h. der Beginn/das Ende muss ohne weiteres bestimmbar sein. So reichen z. B. Formulierungen mit „oder", „und/oder" oder „generell nutzungsfähig erstellt", „nutzungsfähig ist, um Eigenleistungen auszuführen" kaum aus, um einer rechtlichen Überprüfung Stand zu halten.[40]
- Zum anderen muss eine Einigung über die Verbindlichkeit dieser Termine stattfinden (z. B. durch die Bezeichnung als „verbindliche Vertragsfristen").

4.10.1 Verhandlungssache

Aufgrund der diametralen Interessenlage der Parteien ist hier vieles Verhandlungssache und eine Frage der Perspektive. Auch die Größe des Projekts hat maßgeblichen Einfluss darauf, ob und wenn ja, wie eine Regelung zu Terminen

[40] OLG Düsseldorf, Beschluss vom 27.07.2016, 22 U 54/16.

ausfällt. Bei Großbauvorhaben sind umfassende Terminregelungen üblich, bei Ein- oder Mehrfamilienhäusern regelmäßig nicht.

Einen gesunden Mittelweg kann z. B. immer die Vereinbarung eines groben Rahmenterminplanes darstellen mit der Pflicht des Architekten, bei absehbaren Verzögerungen diese dem Auftraggeber mit Begründung sowie etwaigen Gegenmaßnahmen mitzuteilen:

> *Der Auftragnehmer hat seine Planung nach Rahmenterminplan vom TT.MM. JJJJ zu erbringen; dieser ist diesem Vertrag als Anlage XX beigefügt; die dortigen Fristen gelten nicht als Vertragsfristen.*
> *Sofern absehbar ist, dass die dortigen Termine nicht eingehalten werden können, hat der Auftragnehmer dies dem Auftraggeber unverzüglich schriftlich mit Begründung und mit Vorschläge dazu mitzuteilen, wie die Termine dennoch eingehalten werden können. Dies gilt auch, wenn die Nichteinhaltung der Termine offensichtlich ist oder dem Auftraggeber hätte bekannt sein müssen.*

4.10.2 Kein Versicherungsschutz

Bei alledem darf aber nicht außer Acht gelassen werden, dass nach der Ausschlussklausel in Ziffer A. 4.1. der BBR/Arch[41] der Versicherungsschutz des Architekten für Schäden

> aus der Überschreitung der Bauzeit sowie von Fristen und Terminen

ausgeschlossen ist. Die Abklärung von Regelungen zu Vertragsterminen mit der Versicherung des Architekten ist daher vor ihrer Vereinbarung ebenfalls zwingend.[42]

[41] Besondere Bedingungen und Risikobeschreibungen für die Berufshaftpflichtversicherung von Architekten, Bauingenieuren und Beratenden Ingenieuren.

[42] Vgl. hierzu oben Ziffer 4.8.1.

4.11 Allgemeine Pflichten der Parteien

Oftmals wiederholen Regelungen zu den „allgemeinen Pflichten der Parteien" gesetzliche oder sich aus der Rechtsprechung ergebene Pflichten.[43] Ihre Aufnahme in den Vertrag ist daher überflüssig, solange nicht die Besonderheiten des Projekts Regelungen hierzu verlangen.

Zwei wichtige Dinge sollten indes immer bedacht werden: zum einen die Vertretung des Auftraggebers und zum anderen etwaige Gründungsrisiken.

4.11.1 Vertretung

Überlegenswert sind Regelungen zur Vertretung des Auftraggebers durch den Architekten oder zu Gründungs- oder ähnlichen Risiken (insbesondere, wenn die Einholung von Gutachten erforderlich ist). So z. B.:

Zur rechtsgeschäftlichen Vertretung des Auftraggebers ist der Auftragnehmer nicht befugt.[44]

Diese Regelung kann man wie folgt ergänzen:

Der Auftragnehmer hat im Rahmen seiner Leistungspflichten die Rechte des Auftraggebers zu wahren, v. a. am Bau Beteiligten die notwendigen technischen Weisungen zu erteilen. Finanzielle Verpflichtungen oder kostenerhöhende Maßnahmen darf der Auftragnehmer nur anordnen, wenn Gefahr im Verzug ist und Zustimmung des Auftraggebers nicht rechtzeitig zu erlangen war.

4.11.2 Gründungsrisiken

In der Leistungsphase 1 und 2 hat der Architekt nach ständiger Rechtsprechung den Baugrund zu prüfen (z. B. Grundwasserverhältnisse, Bodenklasse), sofern

---

[43] Z. B. Koordinierung, Beratung zur Einschaltung von Sonderfachleuten, Herausgabe von Unterlagen.

[44] Flankierend sollte zur Vermeidung von Anscheins- oder Duldungsvollmachten in den Verträgen mit den ausführenden Unternehmen enthalten sein, dass der Architekt nicht zur Vertretung des Auftraggebers berechtig ist.

ihm dieser nicht bekannt ist.[45] Daher hat der Architekt dem Auftraggeber in solchen Fällen die Einholung eines Bodengutachtens zu empfehlen:

> *Der Auftraggeber verpflichtet sich ein Bodengutachten in Auftrag zu geben, sofern kein aktuelles Bodengutachten oder eine Gründungsberatung für das zu bebauende Grundstück vorliegt.*

In diesem Zusammenhang kann zugleich geprüft werden, ob das Baugrundstück im Bereich eines Bodendenkmals liegt.

4.12 Honorar

Sinnvoll ist eine Regelung zum Honorar dann, wenn auch nur eine der Vertragsparteien ein Interesse hat, ein Honorar oberhalb der Mindestsätze zu vereinbaren; regelmäßig ist dies der Architekt. Eine solche Regelung ist dann angesichts des § 7 Abs. 1 HOAI rechtlich zwingend geboten.[46] Wird eine solche Honorarvereinbarung nicht schriftlich bei Auftragserteilung getroffen, steht dem Architekt nur der HOAI-Mindestsatz zu (§ 7 Abs. 5 HOAI).

In diesem Zusammenhang bleibt abzuwarten, wie sich das von der EU-Kommission am 17.11.2016 eingeleitete Vertragsverletzungsverfahren gegen den Mindest- und Höchstpreischarakter der HOAI auswirken wird.[47]

4.12.1 Systematik der Honorarvereinbarung

§ 6 Abs. 1 HOAI gibt die für die Honorarberechnung vier notwendige Komponenten vor:

- Anrechenbare Kosten des Objekts (§ 4 HOAI)
- Honorarzone des Objekts (§ 5 HOAI)

[45] Z. B. BGH, Urteil vom 20.06.2013, VII ZR 04/12.

[46] Vgl. oben Ziffer 4.1.3.

[47] Pressemitteilung der Europäischen Kommission vom 18.06.2015 und 17.11.2016 sowie das Aufforderungsschreiben der Europäischen Kommission vom 19.06.2015.

- Stehen diese beiden Kriterien fest, kann aus der Honorartafel der Mindest- und Höchstsatz des Honorars entnommen werden.
- Damit ist die Berechnung aber noch nicht zu Ende: nun sind die tatsächlich erbrachten Leistungen anhand der für die Leistungsphasen vorgesehenen Prozentsätze zu bewerten (§ 3 HOAI). Die HOAI enthält indes keine Einzelbewertung der Grundleistungen (und damit der Teilerfolge)[48], aus denen sich die jeweilige Leistungsphase zusammensetzt. Sie wirft nur Prozentsätze für die gesamte Leistungsphase aus (z. B. § 34 Abs. 3 HOAI). Für die Bewertung der einzelnen Grundleistungen ist nicht zwingend auf eine bestimmte hierfür von Fachleuten herausgegebene Teilleistungstabelle abzustellen. Der BGH lässt ausdrücklich zu, dass die Bewertung nach der Steinfort-Tabelle oder ähnlichen Berechnungswerken (z. B. in den Anhängen der gängigen HOAI-Kommentare, wie Pott/Dahlhoff/Kniffka oder Locher et al.) vorgenommen werden können.[49]

Sofern im Bestand gebaut wird, fordert § 6 Abs. 2 HOAI eine zusätzliche Komponente:

- Es sind die Angaben des § 6 Abs. 2 HOAI und des § 36 HOAI zu beachten.

Aus dieser Systematik ergibt sich folglich, dass der Architektenvertrag zu diesen Punkten Regelungen enthalten kann. Auf diese wird im Folgenden eingegangen.

Tipp

Hält man dieses System in den Honorarabrechnungen ein, kann man Prüfbarkeitsdefizite von Honorarabrechnungen gut minimieren. Der BGH stellt für die Prüfbarkeit der Honorarabrechnung darauf ab, dass insbesondere die Schlussrechnung entsprechend den Bestimmungen der HOAI in der Weise aufschlüsselt sein muss, dass sie vom Auftraggeber auf rechtliche und rechnerische Richtigkeit überprüft werden kann.[50] Dies sind jedenfalls die Parameter des § 6 HOAI.

[48]Vgl. hierzu oben Ziffer 4.7.2.

[49]BGH, Urteil vom 16.12.2004, VII ZR 174/03.

[50]BGH, Urteil vom 27.11.2003, VII ZR 288/02.

4.12.2 Die anrechenbaren Kosten

Die anrechenbaren Kosten sind nach § 4 Abs. 1 HOAI auf Grundlage der DIN 276 in der Fassung Dezember 2008 zu ermitteln. Die Kostenberechnung muss ferner mindestens bis zur zweiten Ebene der Kostengliederung vorgenommen werden (§ 2 Abs. 11 Satz 3 HOAI).

Diese Ermittlung ist jedenfalls der Schlussrechnung beizufügen und muss zwingend auf Grundlage der Kostenberechnung erfolgen; anderenfalls ist sie nicht prüffähig und auch sachlich falsch. Dies gilt sinngemäß für Abschlagsrechnungen: diesen ist die derzeit vorliegende Kostenberechnung beizufügen.[51]

Vielfach ist Streitpunkt, ob die Ermittlung der anrechenbaren Kosten diesen Vorgaben genügt. Um dem vorzubeugen ist denkbar, dass abweichende und für die Vertragsparteien transparente Anforderungen an die Ermittlung und Darstellung der anrechenbaren Kosten vereinbart werden. Denn häufig klären gerichtliche Sachverständige die Frage, ob die anrechenbaren Kosten ordnungsgemäß auf Basis der HOAI ermittelt sind. Auch wird die Verweisung auf die DIN 276 Fassung Dezember 2008 überwiegend als dynamisch eingestuft (Kniffka und Koeble 2014, 12. Teil, Rz. 283 m. w. N.). Dies hat zur Folge, dass die zum Zeitpunkt der Aufstellung der Kostenberechnung maßgebliche Fassung der DIN 276 anzuwenden wäre. Dies bringt weitere Unsicherheit für die Vertragsparteien.

Denkbar wäre z. B.:

Für die Ermittlung der anrechenbaren Kosten gilt ausschließlich die DIN 276 Fassung Dezember 2008.
Die anrechenbaren Kosten auf Grundlage der Kostenberechnung sind maximal bis zu deren zweiter Ebene und auf Grundlage der Kostenschätzung bis zu deren erster Ebene aufzuschlüsseln. Weitere Prüfbarkeitsanforderungen an die anrechenbaren Kosten bestehen nicht.
Abschlagsforderungen kann der Auftragnehmer bis zu dem Zeitpunkt, zu dem die Kostenberechnung bei ordnungsgemäßem Vertragsverlauf erstellt werden muss, auf Basis einer Kostenschätzung verlangen.

Tipp

Teilweise stellen ähnliche Regelungen, v. a. für die Geltendmachung von Abschlagsrechnungen, auf mit dem Auftraggeber abgestimmte Kostenbudgets

[51] BGH, Urteil vom 16.02.2005, XII ZR 269/01.

etc. ab. Solche Regelungen können ein Indiz dahin gehend sein, dass mit dem Auftraggeber die Einhaltung von Baukosten als Beschaffenheit vereinbart ist.[52] Ihnen ist daher aus Sicht des Architekten mit Vorsicht zu begegnen; jedenfalls wäre eine dem zweiten Formulierungsbeispiel in Ziffer 4.8.2 entsprechende Klarstellung aufzunehmen.

4.12.3 Die Honorarzone

Die Einordnung in die maßgebliche Honorarzone können die Vertragsparteien nur in einem sehr engen Rahmen beeinflussen. Denn welche Honorarzone – als Teil des bindenden Preisrechts der HOAI – vorliegt, bemisst sich allein nach den objektiven Kriterien der §§ 5, 35 Abs. 2– 7 HOAI. Nur soweit die Vertragsparteien im Rahmen des ihnen durch die HOAI eröffneten Beurteilungsspielraums eine vertretbare Festlegung der Honorarzone vorgesehen haben, ist diese vom Richter regelmäßig zu beachten.[53] Die oberlandesgerichtliche Rechtsprechung hat insoweit eine Abweichung um ein bis zwei Bewertungspunkte für noch zulässig erachtet.[54] Diese Rechtsprechung ist aber nicht kritikfrei geblieben (Fuchs 2015a). Vereinbarungen über die Honorarzone unterliegen daher einem Unwirksamkeitsrisiko, v. a. wenn die objektiv angemessene Honorarzone deutlich verlassen wird. Individuelle Vereinbarungen über die Honorarzone dürften daher nur dann wirksam sein, wenn selbst ein Sachverständiger die Bewertung einzelner Merkmale nicht eindeutig vornehmen kann.

Möglich erscheint insoweit nur z. B. folgende Formulierung:

Die Parteien vereinbaren für das Objekt die Honorarzone [...]. Dieser Vereinbarung liegt eine gemeinsame Bewertung des Objekts unter Einbeziehung sachverständiger Hilfe nach den Vorgaben der §§ 5, 35 HOAI zugrunde.

---

[52] Vgl. oben Ziffer 4.8.2.

[53] BGH, Urteil vom 13.11.2003, VII ZR 362/02.

[54] OLG Hamm, Urteil vom 13.01.2015, 24 U 136/12.

4.12.4 Der Honorarsatz

Die Vereinbarung des Honorarsatzes obliegt allein den Vertragsparteien. Sie können innerhalb der durch den Mindest- und Höchstsatz (§ 7 Abs. 1 HOAI) gesetzten Grenzen frei vereinbaren, wie der Honorarsatz aussieht.

Wichtig ist ferner, dass diese Vereinbarung wiederum schriftlich bei Auftragserteilung getroffen wird.[55] Anderenfalls ist sie allein wegen formaler Mängel unwirksam mit der Folge, dass lediglich der Mindestsatz zu vergüten ist (§ 7 Abs. 5 HOAI).

4.12.5 Umbauzuschlag

Nach § 6 Abs. 2 Satz 4 HOAI wird unwiderlegbar vermutet, dass der Umbauzuschlag 20 % beträgt, sofern keine abweichende schriftliche Vereinbarung getroffen wurde. Über den Zeitpunkt, wann diese Vereinbarung zu treffen ist (z. B. bei Auftragserteilung, vgl. hierzu oben unter Ziffer 4.1.3) schweigt die HOAI. Es kann daher die Auffassung vertreten werden, dass die Vereinbarung des Umbauzuschlags ebenfalls „bei" Auftragserteilung zu treffen ist (Locher et al. 2017, § 6 Rz. 55 m. w. N.).

Daraus folgt zweierlei:

- Sofern ein 20 % übersteigender Umbauzuschlag vereinbart werden soll, hat dies schriftlich
- „bei" Auftragserteilung

zu erfolgen. Anderenfalls verbleibt es bei der Vermutung des § 6 Abs. 2 Satz 4 HOAI, dass nur 20 % zu bezahlen sind.

Der Umbauzuschlag nach § 6 Abs. 2 Satz 4 HOAI wird mit […] vereinbart.

Die 20 % – Grenze in § 6 Abs. 2 Satz 4 HOAI ist hingegen nicht als Mindestgrenze zu verstehen (Werner und Wagner 2014). Es ist also möglich, dass die Vertragsparteien einen geringeren Umbauzuschlag vereinbaren. Nur im Fall des Nichtvorliegens einer Vereinbarung verbleibt es bei 20 %.

---

[55] Vgl. oben Ziffer 4.1.3.

4.12.6 Alternative Honorarmodelle

Üblich sind ferner Pauschalhonorarvereinbarungen. Sie bergen indes die Gefahr, dass die Pauschale unter die Mindestsätze rutscht, da sich z. B. im Bauverlauf die Kosten gegenüber denjenigen, die man bei der Ermittlung der Pauschale zugrunde gelegt hat, erhöhen. Die Pauschalhonorarvereinbarung ist dann unabhängig von der Vorhersehbarkeit solcher Kostenerhöhungen aufgrund Verstoß gegen § 7 Abs. 1 HOAI unwirksam.

Eine Möglichkeit ist, dass man durch eine Regelung versucht, das Unwirksamkeitsrisiko der Pauschale aufzufangen:

> *Tritt eine Veränderung der bei Vereinbarung des Pauschalhonorars zugrunde gelegten Kosten gegenüber den aktuell vorhandenen Kostenschätzungen oder –Berechnungen von +/– 20 % auf, ist die Pauschalhonorarvereinbarung hieran anzupassen, v. a. derart, dass die Mindest- und Höchstsätze der HOAI auch bis zur vollständigen Erbringung der Leistungen des Auftragnehmers eingehalten sind.*

Ein andere Möglichkeit für den die Unwirksamkeit am empfindlichsten treffenden Auftraggeber wäre, dass er behauptet, er habe auf die Wirksamkeit der Pauschalhonorarvereinbarung vertraut und sich allein auf Bezahlung des Pauschalhonorars in schutzwürdiger Weise eingerichtet. Allein der Umstand, dass der Auftraggeber die unwirksame Pauschalhonorarvereinbarung vorgeschlagen hat, genügt hierfür nicht.[56] Es bedarf vielmehr konkreter Umstände aus denen deutlich erkennbar wird, dass der Auftraggeber mit dem Pauschalhonorar fest kalkuliert hat (z. B. seine Finanzierung und Preiskalkulation vollständig daran ausgerichtet hat). Derartiges kann nur durch eine individuell gestaltete und verhandelte Regelung versucht werden, zu erreichen.

Eine Abrechnung nach Zeit sieht die HOAI zwar nicht ausdrücklich vor. Sie ist aber ungeachtet dessen möglich, sofern sie sich im Rahmen der Mindest- und Höchstsätze bewegt (Locher et al. 2017, § 7 Rz. 23). Hinsichtlich der Höhe des Stundensatzes unterliegen die Vertragsparteien ebenso keinen Vorgaben, sie können sie also frei vereinbaren.

[56] OLG München, Urteil vom 04.12.2012, 9 U 255/12.

Tipp

Auch eine Abrechnung nach Zeit muss prüfbar sein. Hierfür genügt es zunächst, die erbrachten Leistungen zu beschreiben und darzulegen, wie viele Stunden für was angefallen sind (Locher et al. 2017, § 15 Rz. 55). Der nach Zeitaufwand abrechnende Auftragnehmer hat daher eine ordnungsgemäße Zeiterfassung vorzuhalten, welche neben Tag, Dauer und möglichst genauer Beschreibung der Tätigkeit, den jeweiligen Sachbearbeiter erkennen lässt.

4.12.7 Vergütung von Bauzeitverlängerungen

Die HOAI enthält in § 7 Abs. 4 den Hinweis darauf, dass die Höchstsätze bei ungewöhnlich lange andauernden Grundleistungen durch schriftliche Vereinbarung überschritten werden dürfen. Einen Anspruch des Architekten auf Vergütung einer Bauzeitverlängerung beinhaltet § 7 Abs. 4 HOAI bereits daher nicht. Auch angesichts der schwer zu begründenden Vergütungsansprüche für eine Bauzeitverlängerung bedarf es einer vertraglichen Regelung. Eine solche Regelung gibt beiden Vertragsparteien Honorarsicherheit und beugt Streitigkeiten vor.

Angesichts der hohen Komplexität solcher Regelungen bleibt hier nur Platz für ein einfaches Beispiel:

Die Parteien gehen von einer Bauzeit ab Vertragsunterzeichnung bis zur rechtsgeschäftlichen Abnahme der letzten bauausführenden Leistung von [...] Monaten aus. Diese Bauzeit ist Grundlage der Honorarvereinbarungen dieses Vertrages.
Verlängert sich die Bauzeit aus Gründen, die der Auftragnehmer weder zu vertreten hat, noch ihm sonst zuzurechnen sind, um [...] Monate, steht im für diese Verlängerung kein zusätzliches Honorar zu.
Für jeden darüber hinausgehenden Tag kann der Auftragnehmer hingegen eine zusätzliche Vergütung von EUR [...] verlangen, jedoch maximal EUR [...].

Insbesondere die Regelung der zusätzlichen Vergütung für den verlängerten Zeitraum kann in vielfachen Varianten ausgestaltet werden.

Letztendlich muss diese Vereinbarung ebenfalls

- „bei" Auftragserteilung getroffen werden.[57]

[57]BGH, Urteil vom 30.09.2004, VII ZR 456/01.

Anderenfalls ist auch sie allein wegen formeller Fehler unwirksam und können aus ihr keine Ansprüche hergeleitet werden.[58] Der Architekt ist gut beraten, eine solche Klausel in den Architektenvertrag hinein zu verhandeln; eine nachträgliche Regelung, z. B. erst bei Erkennbarkeit der Bauzeitverlängerung, hilft ihm nicht.

4.12.8 Nebenkosten

Da eine Abrechnung der Nebenkosten nach § 14 Abs. 3 HOAI aufwendig und organisatorisch anspruchsvoll sein kann, ist eine Vereinbarung über eine

– pauschale Abrechnung der Nebenkosten

regelmäßig vorzugswürdig. Ohne eine ausdrückliche Vereinbarung einer pauschalen Nebenkostenabrechnung ist ihr pauschaler Ansatz in den Abrechnungen nicht berechtigt – schon gar nicht, weil dies üblich sei. Daher sollte z. B. folgende Regelung gewählt werden:

Alle Nebenkosten des Auftragnehmers werden pauschal mit [...] % des Nettohonorars aller beauftragten Leistungen erstattet.

4.13 Abnahme

Eine Abnahme der Architektenleistungen ist wegen folgender Rechtswirkungen dringend anzuraten:

- Fälligkeit der Schlussrechnung, § 15 Abs. 1 HOAI
- Umkehr der Beweislast, d. h. der Auftraggeber hat den Nachweis zu führen, dass Planungsfehler vorliegen
- Übergang des Risikos des zufälligen Untergang der Planungsergebnisse auf den Auftraggeber
- Beginn der Verjährung der Gewährleistungsansprüche.

[58] Vgl. oben Ziffer 4.1.3.

4.13.1 Die Handhabe in der Praxis

Ein auch heute noch weit verbreiteter Irrtum ist, dass Architektenleistungen nicht abgenommen werden müssen. Sie sind – wie jede andere Bauleistung auch – nach § 640 BGB abzunehmen. Die Leistungen aus Architektenverträgen sind abnahmefähig.[59] Auch hat der Architekt grundsätzlich einen Anspruch auf Abnahme, wenn er seine Leistung vertragsgemäß fertig gestellt hat.[60] Es gelten also für den Architektenvertrag keine Besonderheiten.

Das Problem liegt vielmehr darin, dass die Leistungen des Architekten selten – wie z. B. bei Bauleistungen – ausdrücklich abgenommen werden und die Vertragsparteien auch nicht – wie es durchaus möglich ist – eine Teilabnahmepflicht vereinbaren. Eine Regelung zur Abnahme ist daher und auch, weil nach § 15 Abs. 1 HOAI die Abnahme Voraussetzung für die Zahlung der Schlussrechnung ist, in Architektenverträgen unverzichtbar.[61]

4.13.2 Auswirkungen der Baurechtsreform

Durch die Baurechtsreform wird mit Wirkung zum 01.01.2018 für Architektenverträge eine Sonderregelung in § 650r BGB zur Abnahme eingefügt:

> Der Unternehmer kann ab der Abnahme der letzten Leistung des bauausführenden Unternehmers oder der bauausführenden Unternehmer eine Abnahme der von ihm bis dahin erbrachten Leistungen verlangen.

Die Regelung ist zu begrüßen: Ihr Zweck ist primär, dass der Beginn der Verjährung von Ansprüchen des Auftraggebers wegen Planungs- und Überwachungsmängeln an die Verjährung von Bauausführungsmängeln angeglichen wird. Sie führt aber ggf. zu einem Schnittstellenproblem, denn die Abnahme würde während der laufenden Objektüberwachung erfolgen. Allerdings ist diese Regelung nicht als Pflicht des Auftraggebers ausgestaltet, die Planungsleistungen abzunehmen, sofern keine wesentlichen Mängel vorliegen. Auch durch ihre Einführung

[59]BGH, Urteil vom 02.03.1972, VII ZR 146/70.

[60]BGH, Urteil vom 30.09.1999, VII ZR 162/97.

[61]Für Abschlagsrechnungen kommt es nicht auf die Abnahme an. Die mit ihr abgerechneten Leistungen müssen „nur" abnahmefähig, d. h. im Wesentlichen mangelfrei erbracht sein (BGH, Urteil vom 31.01.1974, VII ZR 99/73).

wird sich daher nicht viel daran ändern, dass man eine Regelung zur Abnahme in Architektenverträgen aufnehmen sollte.

4.13.3 Regelungsvorschlag

Denkbar ist daher z. B., dass man die Abnahme folgendermaßen formuliert:

Der Auftraggeber ist zur Abnahme verpflichtet, sofern keine wesentlichen Mängel vorliegen. Die Abnahme soll schriftlich dokumentiert werden.
Teilabnahmen sind zulässig, insbesondere nach Abschluss jeder Leistungsphase.[62]
Obliegt dem Auftragnehmer auch die Objektbetreuung und Dokumentation (Leistungsphase 9 gem. HOAI), nimmt der Auftraggeber diese gesondert nach ihrem Abschluss ab.
Der Auftragnehmer kann dem Auftraggeber die Fertigstellung seiner (Teil-) Leistungen schriftlich mitteilen.
Widerspricht der Auftraggeber der Fertigstellung nicht innerhalb von 2 Wochen ab Zugang der Mitteilung (z. B. durch Aufzeigen wesentlicher Mängel oder wesentlicher Unvollständigkeiten der Planung), gilt sein Einverständnis zur wesentlichen Mangelfreiheit der (Teil-) Leistung als erteilt.
Der Auftragnehmer ist verpflichtet den Auftraggeber auf die Bedeutung seines Verhaltens (z. B. eines fehlenden Widerspruchs und dem damit verbundenen Einverständnis) in der Mitteilung besonders hinzuweisen.[63]

4.14 Zahlungen

Die HOAI enthält in § 15 eine klare Regelung, wann Zahlungen zu erfolgen haben. Die Schlussrechnung ist nach § 15 Abs. 1 HOAI zu bezahlen, sofern

[62]Über teilabgenommen Leistungen ist dann eine Teilschlussrechnung zu stellen. Diese muss die gleichen Anforderungen erfüllen, wie eine Schlussrechnung, v. a. auch in diesem Maß prüfbar sein.

[63]Dieser und der vorhergehende Satz sind notwendig, damit die Regelung eine Chance hat, wirksam zu sein, § 308 Nr. BGB. Anderenfalls unterliegt sie einem hohen Unwirksamkeitsrisiko.

- die Planungsleistungen abgenommen sind[64] und
- eine (prüffähige) Schlussrechnung übergeben ist.

Für Abschlagsrechnungen gilt § 15 Abs. 2 HOAI. Diese ist zu bezahlen, wenn

- die mit ihr abgerechneten Leistungen abnahmefähig, d. h. im Wesentlichen mangelfrei sind und
- eine (prüffähige) Abschlagsrechnung übergeben ist.

4.14.1 Regelungen zur Schlussrechnung

Eine explizite Regelung, wann die Schlussrechnung zu bezahlen ist, ist nicht zwingend notwendig, aber zur Klarstellung sinnvoll.

Die Zahlungspflicht ergibt sich zudem aus dem Zusammenspiel der Regelungen über das Honorar[65] und der Regelungen über die Abnahme[66].

4.14.2 Regelungen über Abschlagsrechnungen

Zu empfehlen ist eine ausdrückliche schriftliche Vereinbarung über die Zeitpunkte, zu denen Abschlagszahlungen verlangt werden können. Anderenfalls können Abschlagszahlungen nur in angemessenen zeitlichen Abständen gefordert werden. Und was „zeitlich angemessen" ist, lässt sich nicht generell bestimmen; es kommt entscheidend auf den Einzelfall an, z. B. Dauer Größe, Zuschnitt des Projekts (Locher et al. 2017, § 15 Rz. 102).

4.14.3 Regelungsvorschlag

Eine denkbare Variante, die Zahlungen zu regeln, sieht wie folgt aus:

[64] Vgl. oben Ziffer 4.13.

[65] Vgl. obige Ziffer 4.12.2, welche die Anforderungen an die Prüfbarkeit beschreibt.

[66] Vgl. obige Ziffer 4.13.

Das Schlusshonorar wird fällig, wenn die Leistungen abgenommen sind und eine prüffähige Rechnung überreicht ist. Dem Auftraggeber steht ein Prüfungszeitraum von 28 Tagen ab Zugang der Rechnung zu. Nach dessen Ablauf zuzüglich weiterer maximal 5 Tagen ist das Schlusshonorar zur Zahlung fällig. Abschlagszahlungen kann der Auftragnehmer mit Erreichen der nachfolgend dargestellten Leistungen verlangen:

- ...
- ...
- ...

[...]
Er hat hierüber gleichfalls prüffähig abzurechnen; hierfür reicht es aus, wenn der Unterlagen mit der Rechnung überreicht, aus denen sich der Leistungsstand transparent ableiten lässt (z. B. Berichte, Genehmigungen, Unterlagen der ausführenden Unternehmen). Die Abschlagsrechnung wird 14 Tage nach Eingang beim Auftraggeber zur Zahlung fällig.

4.14.4 Sicherheitseinbehalte?

Regelungen von Einbehalten in Höhe von 10 % in AGBs für erbrachte Leistungen der Leistungsphasen 1 bis 8 hat der BGH für unwirksam gehalten.[67]

Auch geht der BGH bisher davon aus, dass den Regelung zur Abschlagszahlungen in § 15 Abs. 2 HOAI Leitbildcharakter zukommt.[68] Dies bedeutet, dass Regelungen zu Sicherheitseinbehalten von Abschlagszahlungen ebenfalls ein Unwirksamkeitsrisiko immanent ist Im Jahr 2005 hat der BGH weiter entschieden, dass eine Klausel in AGBs des Auftraggebers, nach der dem Auftragnehmer 95 % des Honorars für die nachgewiesenen Leistungen als Abschlagszahlung zustehen sollten, unwirksam ist.[69]

In der Literatur wird die Regelung von Sicherheitseinbehalten skeptisch gesehen: Der Auftraggeber habe keinen sachlichen Grund, sie zu verlangen. Der Architekt unterliege einer Versicherungspflicht und daher könne im Insolvenzfall die Versicherung direkt in Anspruch genommen werden (Locher et al. 2017, § 15 Rz. 114).

[67]Urteil vom 09.07.1981, VII ZR 139/80.

[68]Beschluss vom 22.12.2005, VII ZB 84/05.

[69]Beschluss vom 22.12.2005, VII ZB 84/05.

- Einer Regelung zu Sicherheitseinbehalten ist daher mit Zurückhaltung zu begegnen. Jedenfalls muss sie sorgfältig auf ihre Wirksamkeit hin überprüft werden.

4.15 Sicherheiten

Abhängig von der Größe des Projekts verlangt der Auftraggeber die Vereinbarung von Vertragserfüllungs- und/oder Gewährleistungssicherheiten. Derartige Regelungen bedürfen einer detaillierten Ausarbeitung und Verhandlungen. Sie werden daher nicht weiter behandelt.

Dem Auftragnehmer steht unabhängig davon die Möglichkeit offen, eine Sicherheit für die vereinbarte und noch nicht bezahlte Vergütung zu verlangen, § 648a BGB. Sie kann ein praktikables Mittel darstellen, Auftraggeber zur Zahlung zu bewegen. Die Regelung des § 648a BGB kann vertraglich nicht ausgeschlossen werden, § 648a Abs. 7 BGB. Allerdings findet sie keine Anwendung bei Aufträgen der öffentlichen Hand und bei der Planung von Einfamilienhäusern für Privatpersonen (§ 648a Abs. 6 BGB).

Hingegen kann die für den Auftraggeber viel einschneidendere Möglichkeit, eine Sicherungshypothek auf dem Baugrundstück zu erwirken (§ 648 BGB), vertraglich ausgeschlossen werden. Ein solcher Ausschluss ist für den Architekten umso ärgerlicher, da er eine Hypothek auch bei dem privaten Einfamilienhaus-Bauer verlangen kann.

Für die Vertragsgestaltung gilt daher:

- § 648a BGB kann nicht ausgeschlossen werden; eine dahin gehende Vereinbarung ist unwirksam.
- § 648 BGB kann ausgeschlossen werden. Es ist daher aus Sicht des Architekten darauf zu achten, dass diese Regelung nicht etwa durch den Satz „§ 648 BGB gilt nicht“ ausgeschlossen ist. Der AG sollte indes darauf bedacht sein, einen Ausschluss des § 648 BGB zu erreichen.

4.16 Mängelrechte/Gewährleistung

Immer wieder liegt der Fokus v. a. des Architekten darauf, seine Gewährleistung so gut als möglich einzugrenzen. So verständlich dieses Anliegen ist, so schlecht lässt es sich insbesondere in AGBs durchsetzen. Gewährleistungs- und haftungsbegrenzende Regelungen unterliegen strengen gesetzlichen Restriktionen, sofern

AGBs vorliegen.[70] Daher sind viele solcher Regelungen im Architektenvertrag unwirksam, unterliegen jedenfalls einem hohen dahin gehenden Risiko.

So sind z. B. Regelungen unwirksam, welche die Haftung auf sog. „Kardinalspflichten“ begrenzen (Valder 2016)[71]. Gleiches gilt für Regelungen, die sich auf vertragstypische, vorhersehbare Schäden beziehen[72] oder eine summenmäßige Beschränkung vorsehen (z. B. in Höhe der Versicherungssumme)[73].

Letztendlich hat der BGH mit Urteil vom 16.02.2017[74] entschieden, dass die Regelung in einem Architektenvertrag als AGB

Wird der Architekt wegen eines Schadens am Bauwerk auf Schadensersatz in Geld in Anspruch genommen, kann er vom Bauherrn verlangen, dass ihm die Beseitigung des Schadens übertragen wird.

wegen Verstoßes gegen § 307 Abs. 1 Satz 1 BGB unwirksam ist.

Wenn man nun noch weiß, dass ein Haftungsausschluss für Vorsatz niemals (§ 276 Abs. 3 BGB), einer für grobes Verschulden nicht und einer für leichte Fahrlässigkeit in AGBs nur, sofern Leben, Körper, Gesundheit nicht betroffen sind, vereinbart werden können, bleiben nicht viele Möglichkeiten, die Haftung des Architekten wirksam zu begrenzen.

- Der alleinige Fokus sollte daher nicht auf „der“ Regelung zur Gewährleistung liegen. Es ist vielmehr zu versuchen, die Pflichten des Architekten eindeutig und abschließend mit Formulierungen zum Vertragsgegenstand[75] und zum Leistungsumfang[76] zu beschreiben.

Eine Regelungsvariante könnte daher so aussehen:

Die Gewährleistungsrechte des Auftraggebers richten sich nach den gesetzlichen Vorschriften.

---

[70] Z. B. § 307, 308 Nr. 1 und 7, § 309 Nr. 4, 5, 7, 8 und 12 BGB.

[71] BGH, Urteil vom 12.01.1994, VIII ZR 165/92. Zu ggfls. möglichen engen Ausnahmen: BGH, Beschluss vom 17.10.2013, I ZR 226/12; Valder, Hubert, Wertdeklaration als summenmäßige Haftungsbeschränkung, TranspR 2016, 430 ff.

[72] BGH, Urteil vom 20.07.2001, V ZR 170/00.

[73] BGH, Urteil vom 27.09.2000, VIII ZR 155/99.

[74] VII ZR 242/13.

[75] Vgl. oben Ziffer 4.5.

[76] Vgl. oben Ziffer 4.7.

Die Verjährung der Mängelansprüche beginnt mit der (Teil-) Abnahme für jede (teil-) abgenommen Leistung zu laufen.[77]

4.17 Kündigung

Der Architektenvertrag kann vom Auftraggeber

- jederzeit (§ 649 BGB, sog. „freie" Kündigung) und
- außerordentlich bei Vorliegen eines wichtigen Grundes

gekündigt werden. Der Architekt kann den Vertrag hingegen

- nur außerordentlich bei Vorliegen eines wichtigen Grundes

kündigen.

4.17.1 Gründe für eine außerordentliche Kündigung

Im Hinblick darauf, dass die außerordentliche Kündigung und Gründe für sie bisher im Gesetz nicht ausdrücklich normiert sind, ist es zur Streitvermeidung sinnvoll, das Recht zur außerordentlichen Kündigung sowie exemplarisch Gründe für sie zu nennen, bei deren Vorliegen jedenfalls für beide oder eine Vertragspartei ein außerordentlich Kündigung möglich ist.

Jede Partei ist berechtigt, diesen Vertrag aus wichtigem Grund zu kündigen. Ein wichtiger Grund liegt insbesondere vor, wenn
– …
– …
– …
[…]

---

[77] Die Regelung zum Verjährungsbeginn darf nicht den Eindruck erwecken, dass allein durch sie eine Teilabnahme vereinbart ist. Für die wirksame Vereinbarung von Teilabnahmen bedarf es einer ausdrücklich gesonderten Regelung, z. B. wie unter Ziffer 4.13.3.

Angesichts des mit einer außerordentlichen Kündigung erklärten Willens, nicht mehr mit der anderen Vertragspartei zusammen arbeiten zu wollen, macht es allein für den Auftraggeber Sinn zu überlegen, nicht zugleich in den Vertrag aufzunehmen:[78]

Sollte ein wichtiger Grund bei auftraggeberseitiger Kündigung nicht vorliegen, gilt die Kündigung jedenfalls als freie Kündigung nach § 649 BGB. Dies gilt nicht, sofern der Auftraggeber diese Wirkung im Kündigungsschreiben nicht ausdrücklich ausgeschlossen hat.

Anderenfalls besteht die Möglichkeit, dass das Gericht zu der Auffassung gelangt, der AG habe den Vertrag nur für den Fall kündigen wollen, dass ein außerordentlicher Kündigungsgrund vorliegt. Wird die außerordentliche Kündigung dann von dem Gericht für unwirksam gehalten, besteht der Architektenvertrag mangels (wirksamer) Kündigung fort. Diese Unsicherheit beseitigt der Regelungsvorschlag.

Auch hier wird sich ab dem 01.01.2018 durch die Baurechtsreform etwas ändern: das BGB wird in einen neuen § 648a ein außerordentliche Kündigungsrecht für beide Vertragsparteien aufnehmen:

(1) Beide Vertragsparteien können den Vertrag aus wichtigem Grund ohne Einhaltung einer Kündigungsfrist kündigen. Ein wichtiger Grund liegt vor, wenn dem kündigenden Teil unter Berücksichtigung aller Umstände des Einzelfalls und unter Abwägung der beiderseitigen Interessen die Fortsetzung des Vertragsverhältnisses bis zur Fertigstellung des Werkes nicht zugemutet werden kann.
(2) Eine Teilkündigung ist möglich, sie muss sich auf einen abgrenzbaren Teil des geschuldeten Werks beziehen.
(3) § 314 Absatz 2 und 3 gilt entsprechend.

Die konkrete Nennung exemplarischer Kündigungsgründe im Architektenvertrag wird aber weiterhin notwendig sein. Die gesetzliche Neuregelung enthält diese nur in Form einer Generalklausel und führt detaillierte Gründe nicht an.

[78]Der Auftragnehmer hat diese Möglichkeit mangels eines freien Kündigungsrechts nach § 649 BGB nicht.

4.17.2 Folgen der Kündigung

Streitbefangen ist neben dem Vorliegen des zur außerordentlichen Kündigung berechtigenden Grundes auch das noch an den Architekten zu bezahlende Honorar. Daher sind Regelungen hierzu im Vertrag ebenso angeraten, wie solche zur weiteren Abwicklung.

Sinnvoll ist z. B. bei einer außerordentlichen Kündigung hinsichtlich des Honorars die Differenzierung danach, wer den wichtigen Grund zu vertreten hat. Dies veranschaulicht Abb. 4.3.

Problematischer ist die Gestaltung einer wirksamen und den Interessen der Vertragsparteien gerecht werdenden Formulierung der Honorarfolgen im Fall der freien Kündigung durch den Auftraggeber nach § 649 BGB. Hintergrund ist, dass die Rechtsprechung für die Abrechnung des Architektenhonorars nach freier Kündigung verlangt, dass die ersparten Aufwendungen anhand des konkreten Vertrages zu berechnen sind. Regelungen, welche die ersparten Aufwendungen mit einem Prozentsatz des betreffenden Honorars (im Fall: 40 %) ansetzten, sind in AGBs unwirksam.[79]

Denkbar – aber auch nicht alle Unwirksamkeitsbedenken ausräumend – ist es hingegen mit dem OLG Düsseldorf auf die als wirksam eingestufte Regelung in § 9 des damaligen Einheits-Architektenvertrages der Bundesarchitektenkammer abzustellen.[80] Anhand dieser vormaligen Regelung wäre folgende Formulierung denkbar:

vom Auftraggeber nicht zu vertreten	vom Auftragnehmer zu vertreten
Kündigt der Auftraggeber aus einem von ihm nicht zu vertretenden wichtigem Grund, steht dem Auftragnehmer das Honorar für die bis zur Kündigung erbrachten und nachgewiesenen Leistungen zu. Als solche Gründe gelten z.B. die Aufgabe des Projekts wegen existenzgefährdenden Problemen bei der Vermarktung oder Finanzierung, Verkauf des Projekts an Dritte.	*Kündigt der Auftraggeber hingegen aus einem vom Auftragnehmer zu vertretenden wichtigem Grund, kann der Auftragnehmer nur Honorar für die bis dahin erbrachten, in sich abgeschlossen Leistungen verlangen, soweit sie für den Auftraggeber trotz der vorzeitigen Vertragsbeendigung von Nutzen sind. Sie müssen zudem mangelfrei und nachgewiesen sein.*

Abb. 4.3 Honorarfolgen der außerordentlichen Kündigung

[79]BGH, Urteil vom 10.10.1996, VII ZR 250/94.

[80]Urteil vom 15.11.2002, 23 U 182/01.

Bei freier Kündigung durch den Auftraggeber steht dem Auftragnehmer das vereinbarte Honorar für die ihm beauftragten Leistungen zu. Sofern der Auftraggeber im Einzelfall keinen höheren Anteil an ersparten Aufwendungen nachweist, ist dieser mit […] % des Honorars für die vom Auftragnehmer noch nicht erbrachten Leistungen vereinbart. Erhält der Auftragnehmer einen Ersatzauftrag oder unterlässt dessen Annahme böswillig, ist dessen Honorar vom nach Satz 2 ermittelten Honorar abzuziehen.

Folgende weitere Abwicklungsregelungen sind möglich:

Bei jeder Kündigung hat der Auftragnehmer seine Leistungen ordnungsgemäß zum Kündigungszeitpunkt abzuschließen, diese so zu ordnen und an den Auftraggeber in einer solchen Form herauszugeben (z. B. in digitaler Form), dass die Übernahme und Fortführung des Projekts durch ihn oder einen Dritten unproblematisch möglich ist.
Die Parteien haben unverzüglich nach der Kündigung den Leistungsstand der Leistungen des Auftragnehmers festzustellen, zu dokumentieren und entsprechend den vertraglichen Regelungen abzunehmen.

Die Kündigung macht die Abnahme nicht entbehrlich; es bedarf ihr weiterhin.[81] Die Aufnahme der Abnahmepflicht in die Klausel ist daher zwar rein deklaratorisch. Dass die Abnahme jedoch auch im Fall der Kündigung notwendig ist, ist in der Praxis vielfach unbekannt.

4.17.3 Form der Kündigung

Aufzunehmen ist jedenfalls die Regelung:

Jede Kündigung bedarf der Schriftform.[82]

[81] BGH, Beschluss vom 10.03.2009, VII ZR 164/06.

[82] Diese Regelung ist auch in AGB wirksam: BGH, Urteil vom 18.01.1989, VIII ZR 142/88 und wird auch durch die BGB-Baurechtsreform in dem neuen § 650h enthalten sein. Ab dem 01.01.2018 muss sich daher nicht mehr zwingend im Architektenvertrag enthalten sein.

4.17.4 Checkliste Kündigungsregelung

Folgende Punkte sollte jede Kündigungsregelung enthalten:

- Festlegung der wichtigen Gründe für eine außerordentliche Kündigung, beginnend mit dem Wort „insbesondere: ….“
- Folgen der
  - Außerordentlichen Kündigung
  - Freien Kündigung nach § 649 BGB
- Regelungen zur Weiterführung/Übernahme der Arbeiten
- Feststellung des Leistungsstandes zum Kündigungszeitpunkt

4.18 Urheber – und Verwertungsrechte

Sensibel zu verhandeln sind regelmäßig die Regelungen zu den Urheber- und Verwertungsrechten an den Planungsleistungen. Dabei ist jedoch zu bedenken, dass ein Schutz nach dem Urheberrecht nicht per se besteht, sondern verlangt, dass die Planungsleistungen „sich von der Masse des durchschnittlichen, üblichen und alltäglichen Bauschaffens abhebt und nicht nur das Ergebnis eines rein handwerklichen oder routinemäßigen Schaffens darstellt.“[83] Bereits dies zeigt, dass ein Urheberrecht nur bei anspruchsvollen Projekten diskutiert werden kann, was aber nicht bedeutet, dass ein Urheberrecht nicht auch bei Einfamilienhäusern[84], einer Fassadengestaltung[85] oder bei Bauwerksteilen und deren Zusammenstellung (z. B. Betonstrukturplatten[86]) bestehen kann.

Möglich ist daher folgende Regelung:

Sofern die Leistungen des Auftragnehmers dem Schutz des Urheberrechts unterfallen, bleiben seine Rechte aus dem Urheberrecht durch diesen Vertrag unberührt.
Der Auftragnehmer erklärt, dass ihm Rechte Dritter an den von ihm vertraglich zu erbringenden Leistungen weder bekannt sind, noch bestehen. Der Auftragnehmer stellt den Auftraggeber von etwaigen Ansprüchen Dritter aus

[83] BGH, Urteil vom 19.03.2008, I ZR 166/05.

[84] OLG Hamm, Urteil vom 20.04.1999, 4 U 72/97.

[85] BGH, Urteil vom 18.05.1973, I ZR 119/73.

[86] OLG München, Urteil vom 28.02.1974, 6 U 2654/73.

Urheberechten, welche hinsichtlich der vom Auftragnehmer zu erbringenden Leistung geltend gemacht frei, soweit diese Urheberrechte rechtskräftig zu Lasten des Auftraggebers festgestellt sind.

Eine andere, vertraglich zu klärende Frage ist, wie der Auftraggeber mit den vom Auftragnehmer erbrachten Planungsleistungen umgehen, sie insbesondere nutzen, verwerten oder ändern darf. Letztendlich bezahlt er für das Projekt, sodass man derartigen Anliegen wohl nachkommen wird. Allerdings sieht § 3 Abs. 6 Nr. 1 VOB/B für Bauleistungen vor, dass dem Auftraggeber grundsätzlich kein Verwertungsrecht zukommt. Dass der Architekt also dem Verlangen nach einer vollständigen Übertragung der Nutzungs- und Verwertungsrechte selbstredend zustimmt, ist nicht zwangsläufig.

Als Mittelweg bietet sich z. B. folgende Regelung an:

Dem Auftraggeber stehen die Nutzungs-, Verwertungs- und Änderungsrechte an den vom Auftragnehmer gefertigten Planungen, Unterlagen etc. zu. Der Auftraggeber ist unter vollständiger Wahrung eines etwaigen Urheberrechtsschutzes des Auftragnehmers befugt, diese Planungen und Unterlagen unter Ausschluss des Auftragnehmers zu nutzen, zu verwerten und zu ändern; dies gilt entsprechend für das Bauwerk als solches.
Eine Übertragung der Nutzungs-, Verwertungs- und Änderungsrechte auf Dritte ist nur mit schriftlicher Zustimmung des Auftragnehmers zulässig. Die Zustimmung ist zu erteilen, sofern das Zustimmungsverlangen des Aufraggebers für eine erfolgreiche Realisierung des Projekts erforderlich ist (z. B. im Verkaufsfall, Kündigung dieses Vertrages) und kein wichtiger Grund des Auftragnehmers entgegensteht (z. B. kein Konkurrenzschutz).
Der Auftraggeber darf die Planungen, Unterlagen etc. veröffentlichen, sofern er hierbei in ausreichend erkennbarer Form den Namen des Auftragnehmers benennt und der Auftragnehmer der Veröffentlichung zustimmt.

Tipp

Ein mit Vorsicht zu gebrauchendes Argument zur Verhandlung von Nutzungs-, Verwertungs- und Änderungsrechten ist, dass man diese nach § 32 Urheberrechtsgesetz nur gegen eine angemessene Vergütung zu übertragen habe. Dem Architekten steht grundsätzlich über das nach der HOAI zu entrichtende Honorar hierfür keine weitere Vergütung zu.[87]

[87]BGH, Urteil vom 20.03.1975, VII ZR 91/74 allerdings für den Fall, dass der Architektenvertrag nach der Durchführung der Grundlagenermittlung, Vor-, Entwurfs- und ggfls. der Genehmigungsplanung vom Auftraggeber gekündigt wurde.

4.19 Schlussbestimmungen

Letztendlich bilden den formalen – nicht rechtlichen – Abschluss des Vertragstextes die Schlussbestimmungen. Hier finden sich üblicherweise die sog. Salvatorische Klausel, eine Schriftform- und Klausel zum Gerichtsstand. Bei internationalen oder grenzüberschreitenden Projekten kommt eine Rechtswahlklausel hinzu.

In der Überschrift ist es aus Gründen der Transparenz angezeigt, wie folgt zu formulieren:

§ XX Salvatorische, Schriftform-, Rechtswahl- und Gerichtsstandklausel

Folgende Regelungen kommen zu diesen Themen in Betracht:

Erweist sich eine Bestimmung dieses Vertrages als unwirksam, so bleiben die übrigen Bestimmungen wirksam. Anstelle der unwirksamen Regelung gilt die Bestimmung als vereinbart, die dem Sinn und Zweck der weggefallenen Bestimmung in zulässiger Weise am nächsten kommt.

Auch wenn die Aufnahme einer solchen salvatorische Klausel üblich und zur Gewissensberuhigung beitragen kann, ist vor allzu unreflektierten Aufnahme insbesondere in einem Individualvertrag zu warnen. Es kann je nach Art des Vertrages und seiner Regelungen Sinn machen, eine Gesamtunwirksamkeit geltend zu machen. In AGBs kann eine salvatorische Klausel indes ohnehin nicht wirksam vereinbart werden.[88]

Schriftformklauseln sollten als sog. doppelte Schriftformklausel ausgestaltet sein, um mehr Rechtssicherheit zu bieten, z. B.:

Alle Änderungen oder Ergänzungen dieses Vertrages bedürfen der Schriftform. Dies gilt auch für die Änderung dieses Schriftformerfordernisses selbst.

Eine übliche Gerichtsstandsklausel sieht so aus:

Für alle Streitigkeiten aus diesem Vertrag ist im kaufmännischen Verkehr, soweit nicht gesetzlich zwingend etwas anderes bestimmt ist, der Gerichtsstand […].

Sinnvoll ist es, den Ort des Bauvorhabens als Gerichtsstand zu wählen.

[88] Z. B. BGH, Urteil vom. 22.11.2001, VII ZR 208/00.

4.20 Die Unterschrift

Da der Architektenvertrag keiner gesetzlichen Form unterfällt, muss er nicht zwingend unterschrieben werden. Die Vorgabe des § 126 BGB, wonach es einer eigenhändigen Unterschrift bedarf, gilt nicht. Eine Unterschrift ist dennoch empfehlenswert: sie schließt den Vertrag ab und bringt zum Ausdruck, dass sich die Parteien über die vorherigen Regelungen geeinigt, sie verbindlich vereinbart haben. Die Unterschrift sollte Sie sollte sich daher auch unter dem Text befinden.[89]

4.20.1 Angebot und Annahme

Man sollte sich aber nicht täuschen lassen, dass die Unterschrift beider Parteien den „Abschluss" des Architektenvertrages darstellt. Dies ist der Regelfall, da ein rechtswirksamer Vertragsabschluss

- zwei (Willens-) Erklärungen

bedarf, die zudem noch

- übereinstimmen

müssen. Das BGB spricht hier von Angebot (§ 145 BGB) und Annahme (§ 147 BGB). Die Unterschrift des Auftraggebers stellt in der Regel das Angebot und die des Architekten die Annahme dar. Veranschaulicht wird dies durch Abb. 4.4.

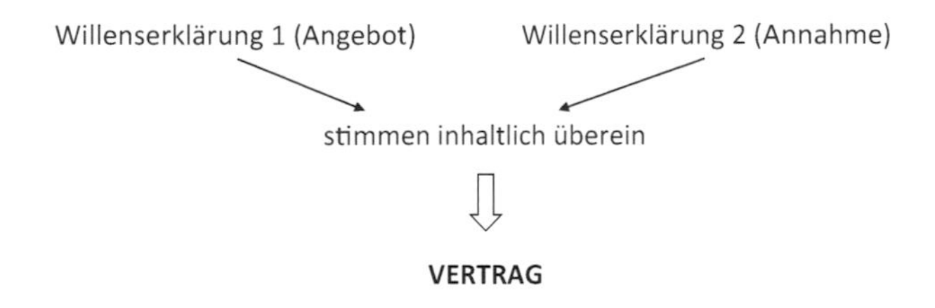

Abb. 4.4 Vertragsabschluss

[89]So genügt der (gesetzlichen) Form z. B. keine Oberschrift. Ebenso wenig reichen seitlich neben dem Text stehende Unterschriften (BGH, Urteil vom 05.12.1991, IX ZR 270/90).

4.20.2 Vertragsabschluss oder Akquise?

Besonders im Bereich des Architektenrechts sind Störungen des Ablaufs des Vertragsabschlusses weit verbreitet. Sie sind oft Gegenstand von Gerichtsurteilen und bekannt u. a. unter dem Schlagwort „kostenlose Akquise".

Der obige Ausgangsfall unter Ziffer 4 spricht dieses Problem an:

> U als Auftraggeber bittet den Architekt A, dass er „loslegen" soll, da die Zeit drängt. A fängt mit den Planungen an. 3 Monate danach will U endlich mit A einen „ordentlichen" Architektenvertrag abschließen.

Unabhängig, ob später ein schriftlicher Vertrag abgeschlossen wird, stellt sich die Frage, ob die Aufforderung des U „los zu legen" das Angebot an A ist, mit ihm einen Architektenvertrag abzuschließen. Selbst wenn dies so wäre, wo ist die Annahme dieses Angebots durch A? Mündlich oder schriftlich hat er sich nicht geäußert. Sein tatsächliches Loslegen könnte die Annahme darstellen – dieses Verhalten könnte so verstanden werden.[90] Abb. 4.5 verdeutlicht die Problematik.

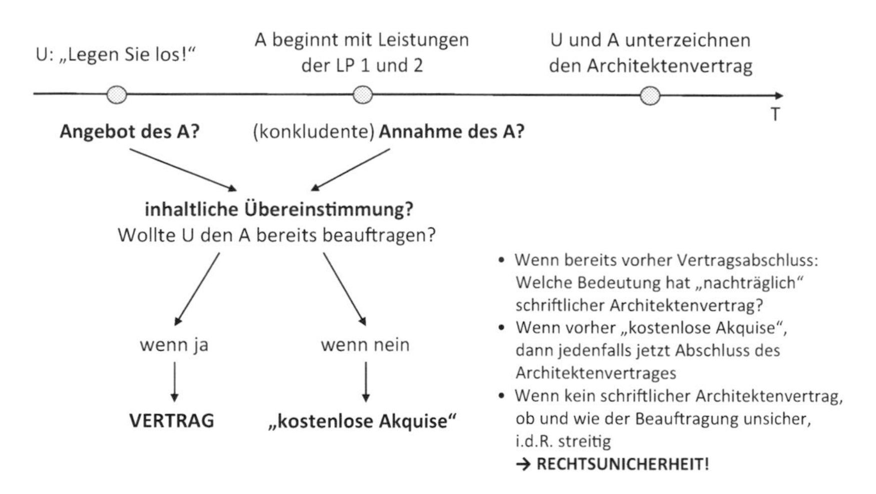

Abb. 4.5 Kostenlose Akquise

[90] Konkludentes Verhalten: aus den Handlungen des A lässt sich – ggfls. – seine Erklärung ableiten, das Angebot des U angenommen zu haben. Wenn dem so wäre, liegt ein sog. konkludenter Vertragsabschluss vor.

Im Bereich des Architektenrechts ist immer wieder streitig, ob und wenn ja, wann die Beauftragung des Architekten erfolgt ist. Vielfach werden Architekten z. B. angefragt, die grundsätzliche Bebaubarkeit von erworbenen oder ggfls. zu erwerbenden Baugrundstücken zu beurteilen. Dem Bauherrn geht es regelmäßig darum, eine erste Einschätzung zu bekommen, wie er das Grundstück baulich ausnutzen kann. Der Architekt beantwortet derartige Fragen ebenso gerne – mitunter unter Erstellung und Aushändigung von Berechnungen, Skizzen etc. -, allerdings in der Hoffnung, den späteren Planungsauftrag zu erhalten.

Rechtlich stellt sich in solchen und ähnlich gelagerten Fällen die Frage, ob bereits ein Architektenvertrag durch schlüssiges Verhalten (=konkludent) zustande gekommen ist

- ob bereits ein Architektenvertrag durch schlüssiges Verhalten (=konkludent) zustande gekommen ist
- oder es sich um reine Akquisition handelt, die nicht zu vergüten ist.

Entscheidend für die Antwort ist, ob beiderseitig ein rechtsgeschäftlicher Bindungswille in irgendeiner Form und im Ergebnis eindeutig zum Ausdruck gekommen ist. Ist dies der Fall, liegt eine Beauftragung vor; verbleiben bereits Restzweifel, wird man davon bereits nicht ausgehen können (Locher et al. 2017, Einl., Rz. 479). Auch aus dem bloßen Tätigwerden des Architekten kann man den Abschluss des Architektenvertrages regelmäßig nicht herleiten.[91]

Allerdings sprechen folgende Äußerungen des Auftraggebers für den Abschluss eines Architektenvertrages: „Wir möchten nun mit Euch zusammen das Vorhaben planen und sind jetzt soweit“[92] oder „Legen Sie los! Fangen Sie an“[93].

Tipp

Insbesondere der Architekt muss frühzeitig darauf achten, eindeutige Erklärungen seines Auftraggebers zu erhalten, die den Abschluss des Architektenvertrages hinreichend deutlich zum Ausdruck bringen, z. B. in Form der Unterschrift unter dem Vertrag.

Ist sich v. a. der Architekt unsicher, kann er seinem (künftigen) Auftraggeber schriftlich mitteilen, wann die Akquise-Grenze erreicht ist.

[91]OLG Hamburg, Urteil vom 10.02.2010, 14 U 138/09.

[92]18 O 11716/15, Hinweisbeschluss vom 27.04.2016.

[93]OLG München, Beschluss vom 18.11.2013, 27 U 743/13.

4.20.3 Auswirkungen der Baurechtsreform

In § 650q BGB soll ein Sonderkündigungsrecht in einer frühen Phase der Zusammenarbeit (sog. Zielfindungsphase) eingebaut werden. Damit soll der Architektenvertrag für den Auftraggeber ohne die einschneidende Rechtsfolge des § 649 S. 2 BGB beendet werden können:

> (1) Nach Vorlage von Unterlagen gemäß § 650o Absatz 2 kann der Besteller den Vertrag kündigen. Das Kündigungsrecht erlischt zwei Wochen nach Vorlage der Unterlagen, bei einem Verbraucher jedoch nur dann, wenn der Unternehmer ihn bei der Vorlage der Unterlagen in Textform über das Kündigungsrecht, die Frist, in der es ausgeübt werden kann, und die Rechtsfolgen der Kündigung unterrichtet hat.
> (2) Der Unternehmer kann dem Besteller eine angemessene Frist für die Zustimmung nach § 650o Absatz 2 Satz 2 setzen. Er kann den Vertrag kündigen, wenn der Besteller die Zustimmung verweigert oder innerhalb der Frist nach Satz 1 keine Erklärung zu den Unterlagen abgibt.
> (3) Wird der Vertrag nach Absatz 1 oder 2 gekündigt, ist der Unternehmer nur berechtigt, die Vergütung.

Die Regelung hat etwas für sich: Einerseits wird der Auftraggeber geschützt, der voreilig eine Architektenvertrag über alle neun Leistungsphasen beauftragt. Andererseits werden Vertragsschlüsse gefördert. Dies wird sich ggfls. zugunsten der Architekten auswirken, die sich in der Praxis häufig der Erwartung ausgesetzt sehen, die eben beschriebenen kostenlosen Akquisitionsleistungen in der Hoffnung zu erbringen, später beauftragt zu werden.

4.21 Das Anlagenverzeichnis

Am Ende sollte sich zudem ein Verzeichnis der Anlagen mit ihrer

- genauen Bezeichnung

und ihrer

- Datierung

befinden. Die Anlagen sind durchzunummerieren und z. B. zu bezeichnen mit:

Anlage […] zum Architektenvertrag vom [tt.mm.jjjj]

So wird sichergestellt, welche Anlagen dem Vertrag beilagen und dessen Grundlage bilden. Unterbleibt dies, ist es nachträglich vielfach schwer zu rekonstruieren, welche Unterlagen dem Vertrag in welcher Fassung beilagen.

Was Sie aus diesem *essential* mitnehmen können

- Dass die Grundlagen des Architektenrechts kein „Hexenwerk" und durchaus beherrschbar sind,
- dass eine erste eigene Einschätzung von Architektenverträgen bei Kenntnis der rechtlichen Grundlagen möglich ist; zumindest um einen ersten Eindruck zu bekommen und entscheiden zu können, ob die Einschaltung eines Rechtsanwalts ratsam ist.
- Praxistaugliche Formulierungsbeispiele für die gängigsten regelungsbedürftigsten Punkte eines Architektenvertrages.
- Einen detaillierten Einblick in die zu erwartenden Neuerungen des Architektenrechts durch die BGB-Baurechtsreform.
- Einen praxisnahen Überblick über die aktuelle und höchstrichterliche Rechtsprechung im Bereich des Architektenrechts.

H. Hunold, *Der Architektenvertrag*, essentials,
DOI 10.1007/978-3-658-19149-8

Literatur

Fuchs, H. (2015a). Welcher Beurteilungsspielraum gilt bei einer Honorarzonenvereinbarung? *IBR*, 552.

Fuchs, H. (2015b). Regelungen des Architekten- und Ingenieurvertrages. *NZBau*, 676.

Kniffka, R., & Koeble, W. (2014). *Kompendium des Baurechts* (4. Aufl.). München: Beck.

Langenfeld, G. (2004). *Vertragsgestaltung, Methode Verfahren Vertragstypen* (3. Aufl.). München: Beck.

Locher, U., Koeble, W., & Frik, W. (2017). *Kommentar zur HOAI* (13. Aufl.). München: Beck.

Markus, J., Kaiser, S., & Kapellmann, S. (2014). *AGB-Handbuch Bauvertragsklauseln* (4. Aufl.). München: Beck.

Motzke, G. (1994). Planungsänderungen und ihre Auswirkungen auf die Honorierung. *BauR*, *25*(5), 573.

Valder, H. (2016). Wertdeklaration als summenmäßige Haftungsbeschränkung. *TranspR*, *39*(11–12), 430.

Vogel, O. (2009). Einige ungeklärte Fragen zur EnEV. *BauR*, *40*(8), 1196.

Werner, U., & Wagner, K. (2014). Die Schriftformklauseln in der neuen HOAI 2013. *BauR*, 1386.

H. Hunold, *Der Architektenvertrag*, essentials,
DOI 10.1007/978-3-658-19149-8

}essentials{

„Schnelleinstieg für Architekten und Bauingenieure"

Gut vorbereitet in das Gespräch mit Fachingenieuren, Baubehörden und Bauherren! „Schnelleinstieg für Architekten und Bauingenieure" schließt verlässlich Wissenslücken und liefert kompakt das notwendige Handwerkszeug für die tägliche Praxis im Planungsbüro und auf der Baustelle.

Dietmar Goldammer (2015)
Betriebswirtschaftliche Herausforderungen im Planungsbüro
Print: ISBN 978-3-658-12436-6
eBook: ISBN 978-3-658-12437-3

Christian Raabe (2015)
Denkmalpflege
Print: ISBN 978-3-658-11528-9
eBook: ISBN 978-3-658-11529-6

Michael Risch (2015)
Arbeitsschutz und Arbeitssicherheit auf Baustellen
Print: ISBN 978-3-658-12263-8
eBook: ISBN 978-3-658-12264-5

Ulrike Meyer, Anne Wienigk (2016)
Baubegleitender Bodenschutz auf Baustellen
Print: ISBN 978-3-658-13289-7
eBook: ISBN 978-3-658-13290-3

Rolf Reppert (2016)
Effiziente Terminplanung von Bauprojekten
Print: ISBN 978-3-658-13489-1
eBook: ISBN 978-3-658-13490-7

Florian Schrammel, Ernst Wilhelm (2016)
Rechtliche Aspekte im Building Information Modeling (BIM)
Print: ISBN 978-3-658-15705-0
eBook: ISBN 978-3-658-15706-7

Andreas Schmidt (2016)
Abrechnung und Bezahlung von Bauleistungen
Print: ISBN 978-3-658-15703-6
eBook: ISBN 978-3-658-15704-3

Mehr Titel dieser Reihe finden Sie auf der Folgeseite.

Springer Vieweg

Printed in the United States
By Bookmasters